职场晋升指南

老A 著

经济日报出版社

前言

“三立”是人生的最高标准：立德、立功、立言。

在咱们这个太平盛世，不太好立功，而我的道德也上升不到能给世人做表率的程度。

我只有在立言上下功夫了，毕竟，人活一世，总得留下一些值得他人称道的地方。

我在 2015 年开通微信公众号，写了很多关于职场生存、工作技巧的内容。

而今出的这本书，是我将工作 20 多年的职场心得系统整理而成，老读者都知道，我写东西虽文采欠缺，但皆是干货，此书亦如此。人生中第一本书，也许是最后一本，理应诚意满满、干货满满。这样才对得起“立言”的要求，对得起读者的信赖。

各位读者要嘲笑我理解的立言标准过低了，古人说的立言，是立大言，立影响千秋的言，而不是出一本书便算作立言了。

我是普通人，立大言，我怎么可能做得到呢？

我不过是给自己做的事扣一个辉煌的大帽子罢了，我只求此书能切实有效地帮你在职场上少走弯路，只求你在读过此书后，说一句：老 A 这个 46 岁的半老头子，写的还真不赖！

其实，写书并不赚钱，且费力耗时，图啥呢？借用罗永浩在抖音上常说的一句话：交个朋友吧。

简单写这么一个前言，请看正文吧！

目录

01 第一部分 工作技巧篇

02 第二部分 同事篇

03 第三部分 领导篇

第一部分

工作技巧篇

01

通过守正出奇地做事，才能找到伯乐

很多职场中失意的人经常说：千里马常有，伯乐不常有。我不赞同。我觉得千里马和伯乐都常有，有心、走心、入心的千里马才是真的不常有！如何做一个有心、走心、入心的千里马，以期被大伯乐发现，在茫茫草原上嗷嗷待垂青的万万匹马中得到重用？我来谈下我的观点，与各位交流。

首先，作为年轻人，本质不能坏。

我建议每个年轻人在任何工作场合，都要给人留下质朴的印象。年轻人首先得“守正”，这是最起码的素质。

很多年轻人刚参加工作，就觉得耍心机、玩心眼、偷奸耍滑、笑里藏刀告黑状等才是职场人应该做的，大错特错！其实大部分领导看手下的职工，但凡心术不正的，领导本能地会在心里给这个人画个叉号，这种人只能使用却不能重用，或许在使用的过程中会给予一定职位和薪资的提升，但是绝对不会信任这些人，也就是说这种有小聪明的人，在领导眼里永远都不是自己人。

领导有时候是很孤独的，谨小慎微的领导，更是如此。一般人是难以走入他心中的，只有那些“守正”的年轻人，才会让领导觉得可以委以重任或者“纳为亲信”。有人会觉得守正、守正，要一辈子只当个老实人吗？确实，只守正的老实人、地地道道的老实人，也不能得到领导的欣赏，毕竟做人做事，都不能一味讲原则，原则和灵活性要兼而有之。

守正是基础，其次，在基础上要出奇。

所谓“守正出奇，交相为用”，正是如此。什么叫出奇？

我举个小例子。小刘刚参加工作两年，被推荐到上级公司学习。在学习的这段时间里，他每天都任劳任怨地工作，无论是属于自己分内的还是分外的，都干得十分到位。单位上下对他都很满意。这些都是守正。

下面说他出奇。有一次，公司开大会，所有的会前工作都做好之后，就等着领导们入场了。所有的领导的秘书以及前勤人员都跑到会场的最后面无所事事地小声吹牛了，小刘也是前勤工作人员之一，他也跟着到了会场的最后面，但是他没有加入吹牛的队伍中，而是时刻关注会场的状况，恰好主席台上某领导的文件袋里没有放笔，这是一个重大失误！领导的目光在会场里扫来扫去，他在找自己的秘书，虽然找到了，但是秘书正在聊天，没有和领导的目光对上。

恰好小刘正在盯着领导，而这位领导对小刘也有一些印象，知道他是办公室的工作人员，于是领导对着小刘把手往上一抬，做了一个写字的手势，小刘立马从自己包里拿出两支笔给领导送了上去，一支铅笔，一支钢笔（不是一次性笔，是钢笔）。

小刘这样的年轻人，心思缜密而有耐心，又任劳任怨地干活，换作您是领导，您能不喜欢吗？唯独他能和领导的目光交会，说明他不是只有这次会议才注意台上的细节情况，而是每次都这样，时刻注意会场的需求，时刻补位。在会场后面闲聊的人群中，他自然而然地脱颖而出了。

守正、出奇，这两条，就是年轻人在公司做人做事的基本准则，不要太死板，更不能太油滑。

02

有人在单位微信群里说了一句话，领导皱了眉头

几乎每个职场人的手机微信里都有多个工作群，在这类工作群里，有领导也有同事，虽然它只是一个虚拟的工作空间，但也有它的规矩、纪律，你作为一个职场人，不能破坏，只能遵从。

我给大家罗列一下工作微信群的使用规则，大家务必仔细阅读，不要犯错。

一、不要轻易使用语音

经常会有这么一个场景，开会的时候，工作群突然来了一段四十多秒的语音，你是听还是不听？

如果你不是这个群的最高领导（即使是，也要慎用这个功能），

一定要遵循“文字优先”的准则，不要贸然发送语音。尤其在开会或嘈杂环境中，语音会给信息接收者造成困扰，继而产生无效沟通（尽管现在语音已经可以转换为文字，但并不能完全解决这一问题，首先，这对交流双方的普通话标准程度有一定的要求，其次在某些特定环境下，如在粤语环境下，这是行不通的）。

对他人而言，听语音远比读信息麻烦。特别是听一大段的语音的时候，还容易被其他来电和其他干扰事件打断，重新开始，这是一件让人极为恼火的事情。如果你说的事情特别重要，其他人听语音又不方便，更会造成工作延误。所以，为了信息传递准确及时并方便他人接收阅读，千万不要在工作群里用语音。

二、重要的事，别在群里说

如果有一件特别重要的事情，需要群里的每个人都知道，那千万别在群里说，而是要选择发邮件或者逐个沟通。发完邮件，如果还想在群里 @ 全员，可以在通知结尾加上“具体内容参看邮件，此条无须回复”。

群里人多，不是每个人都会去翻屏去看最前面的一条消息的。工作群的即时性有利于提高工作效率，但在严谨程度上却是短板。对于重要或复杂的问题，电话或面谈还是最优选项。

三、不要轻易 @ 某人

如果由你来负责某项工作的执行，尽量不要在工作群里 @ 某人，这样会让被 @ 的同事很难堪，毕竟工作群也是另一种“大庭广众”。如果不想造成尴尬局面，私聊是最佳选择。

同样，如果你想在群里表扬某位同事，也不需要特地 @ 某人。被 @ 的那位同事，会不胜其烦，以为来了什么重要的信息，然而却是一天内被同样的 @ 骚扰。

四、 要深思熟虑，不要任由膝跳反应

当群主或者部门领导在群里转发了一篇文章，或者布置了一项具体工作，下属需要做的第一件事是思考。不要没有消化吸收就立刻回复“收到”，不要没有深思熟虑就反馈意见。

这些膝跳反应往往没有理解领导的真实意图。他发了竞品公司的最新动态，是需要你一个及时的回复“收到”吗？不是，是需要你好好想想，这些事情我们能不能做。

如果我们能做，我们应该怎么做。他要的是一整套的应对方案和工作措施。

五、不汇报行踪，汇报结果

工作群不是打卡群，很多人一大早就在群里发一个大大的太阳，中午时发一杯咖啡，快下班时发一个“大家辛苦了”，到了晚上十点，还不忘发一个星星月亮道晚安。

这些人的思维定式还停留在“谁经常向我汇报工作，谁就在努力工作，相反，谁不经常向我汇报，谁就不是认真工作”这个阶段。其实，对于领导来说，他们最关心的是各项工作的结果，而非过程。

如果没有正向的结果反馈，领导就不会再把重要的工作交给这

样的下属了。一个好的工作群，一定是布置工作说要求，请示工作说方案，汇报工作说结果，总结工作说成效。

这几条工作微信群使用规则，你记住了吗？

03

处于小平台怎么干？什么时候去大平台

我的侄女快要大学毕业了，她问我：“叔叔，我工作第一站，去大公司好？还是去中小企业好呢？”

我的看法是，“刚刚大学毕业，建议你先到一个大公司去，在那里可以学到很多规范和规矩，但大公司一般已形成了固定的组织结构和层级，新人想往上发展可能会比较难，最后可能就变成了一颗螺丝钉。当在大公司积累了一定做人和做事的经验后，再到一个发展势头良好的小公司，你就会比较容易获得快速向上发展的机会。”

但在现实中，很多人却把这个事弄反了，走了很多的弯路！虽然在小公司里，只要自己稍微努力一下就能挑起重担，能够挑起大梁，但是小企业往往做什么事情都没有规矩，虽然企业发展很快，但整个公司的企业文化、办事流程、人事规章等等，都很不完善，甚至很多公司是一盘散沙的状态。

这种小公司中所谓的人中龙凤，一旦到了大公司，很容易不适应。

究其原因，一方面是因为大公司在管理上更加严谨、复杂，更讲究照章办事，另一方面是因为小公司出来的人没有经过工作规范化的训练，不习惯这种规范化的工作流程，并且在处理大公司人际、人事方面，也没有相关经验。

我举个例子，你原来在小公司时，虽然公司每年都发展得特别快，但是在公司流程、公司制度上的建设非常滞后，很多经手的项目都没有建立相关的文档，即便建立了，也是非常简单的。下级给上级的报告，也非常简单，甚至随便找一张纸写上几句话，就交给领导了，领导也不介意，拿起大笔就在纸上写了批示意见。其实这样做，是非常不严谨的，这种粗放的管理模式，也很容易出问题。

等到了大公司才知道，原来下级向上级汇报工作，要严格按照相关的流程，并不是说你想汇报就立即推开上级的门就汇报了，即便汇报，也不能随便把汇报内容写在纸上。

所以，我建议各位职场中人，毕业时，先选择大公司等大单位、大平台，在这种平台上，能让你学会规矩，但磨刀不误砍柴工，先把规矩学好了，以后有的是上升的机会。

但是，不巧，如果你没有机会在毕业之初到大平台上工作，只能选择一些小公司等小单位、小平台，我建议，如果有可能，在条件成熟时，你还是要考虑转向大公司发展，这次不是学规矩和规范了，而是图谋在更大的舞台上见世面和进一步发展。

这时，你在小公司历练了几年，已不是刚毕业时的菜鸟，无论是做人还是做事，都已经形成了自己的一套经验，这时，你选择从小平台跳到大平台是最佳选择，因为你在小平台已经触及了天花板，而来到大平台，属于你的舞台会更大、更宽广！

你觉得对吗？

04

当众发言应该注意的几个问题

无论在哪个公司，都有太多大家坐下来谈谈的机会，比如支部生活会、公司内部会、事务进展会、工作交流会等，所以，嘴皮子的功夫，即便水平不能太高，但最好也别太落下风，不然在职场会很吃力。如果想通过各种会议展现自己，那嘴巴笨拙的你必须提前“打响战役”，在会前就预先想好自己要说哪些话，主持人会追问哪些问题，自己再如何回答等。这要比他人多下很多功夫。

我本人当众发言的水平是不怎么高明的，我有一个毛病，在关键场合讲话时，我总是会瞻前顾后，生怕自己发言蹩脚，怕自己会说错话得罪其他部门的同事或者领导，总之，越是在关键场合，我就越是讲不出东西。

所以，每次冷不丁开会、冷不丁让每个人都发言的时候，我总是表现得很一般，甚至可以说是很差劲。只有在那些提前通知开会、提前告知每个人都要发言的情况下，我才能通过发言达到展现自己的效果，因为我会提前认真准备功课，查资料也好，研究发言套路也罢，总之，我会尽量让发言精彩、脱俗！

咱们每个职场人，都应该有这个认识：一定要把会说看得和会做一样重要，一定要把当众交流发言看得和日常工作努力一样重要，而不是当一头埋头苦干的老黄牛，连抬头看看别人和前路都懒得做。因为一般的交流发言，都是有领导在场的，而你平日的工作，大领导都是看不到的，这是你展现自己的一个机会！这就是我当时宁肯把日常的工作先暂时放一放，也要先精心准备交流发言的内容的原因。我是即兴发言很差劲的人，但是随着时间推移，在多个岗位上锻炼过，我现在基本上能够应付即兴发言，其实即兴发言是有套路可言的。

至于是什么格式，无非是说现状、讲意义、怎么干、奖励和惩罚等。这些都是固定的。我想重点说一下大家容易忽略的小细节。

一、自己发言时，一定要先适当肯定前面发言人的一些观点和看法，然后再谈自己的看法。

二、发言时，既要就事论事，也不能只就事论事，最好站位高一些，站在本部门、本公司、本集团的高度，即便站不稳，领导也不会怪你，如果站稳了，领导会觉得你视野开阔。

三、如果您是一位小领导，不要动不动就在发言时批评人，交流发言、交流发言，大家是交流，不是听你说教，你一发言就批评人，那接下来谁还会发言，谁还会说真话呢？所以，要多鼓励，多肯定，多表扬。你见过有哪位大领导在开大会的时候批评人？即便批评也是单独批评，傻瓜才会在大会上点名批评，赤裸裸地当众打别人的脸，不记恨你才怪！

四、发言要有逻辑性，不要太发散，刚讲完供给侧改革，突然又说特朗普，话音未落，又讲今天刚发生的热点事件……一个思维发散的人，做事做人也不会太严谨的！

说话前的引子要有，讲完话的收尾词也不能落下。所谓的引子，就是不能上来就谈事情，最好有一个铺垫，这里的铺垫可以是你从另一个维度看待事物，也可以讲一讲大环境。总之，就事论事前，最好有一个比较有特色的铺垫。所谓的收尾词，我的理解是一些不落俗套的谦辞，如果在场有领导，这些不落俗套的谦辞，也是会给自己加分的。比如，谈完自己对某事的看法后，说一句“这是我结合自己的工作领域，向领导汇报的比较单一的看法和认识，可能站位不是很高，仅供领导参考”之类的话。

05

不要信奉那些阴谋、权术

的确有一些人，很喜欢在职场上玩阴谋或者权术，并且深以为这是多么了不得的心法。这是很愚蠢的！在职场玩阴谋，是很容易玩火自焚的。你们还记得“请君入瓮”这个成语吗？你们可以查一下这个历史典故，看看喜欢玩阴谋权术的人，到最后的下场到底是什么。

刚进入职场，新人就应该有新人的样子，愿意主动多做一点，多尝试一点，其实是件好事。

哪怕是一些重复性的、维护性的工作，也能帮助你快速熟悉现在的工作环境。新人通常会拿较低的薪水，但是多做事，就相当于是从公司领到了大笔的实践课补贴、培训补贴，等于是公司用具体项目在培训自己。工作技能拥有了，就永远是你自己的了，技多不压身，这对于自己是有好处的。

如果公司花钱请你来，派给你的工作非常轻松、简单，比如每天只让你负责开关办公室的电灯，除此之外，你什么都不用干。这样几年下来，你的专业技能会有明显进展吗？

当年，我刚参加工作的时候，被分在综合办公室，基本上整个公司的活都要在我手里过，基本上各种业务都接触过一遍。我当时确实是公司的一块砖，哪里有需要就往哪里搬，做完之后都是别人受表扬，而自己就被打发到下一处。但是，经过这段历练，我对公司的所有业务都有了一个最基本的了解，我可以随时从这个部门跳到另一个部门而不用花多少时间过渡！并且，我在最短的时间里，成了公司的百事通。

刚进职场，千万不要听一些员工教你如何摸鱼，如何偷懒，如何违背领导的指令。这些人抱成一团，磨洋工，出工不出力，其实是在架空你们领导的指挥权，影响团队。这怎么得了，这样的团队怎么会有明天呢？

新人最好不要和这类员工走得太近，最好去一个能作战的团队，和一帮乐于作战并善于作战的人在一起，这样对自己的帮助和提升是最大的，也能学到最多的东西。而且，团队中积极进取的精神也能让人感到振奋，彼此激励能够使各人都发挥出自己的潜力。都说工作优先选行业，然后是选平台。我的感觉是优先选领导，其次选团队，因为事情哪怕不成，有一个可靠的将领，有一群能打胜仗的人，到哪里都能打胜仗，东边不亮西边亮，总有赢的时候。反过来，那就是一种虚耗。

其实每个公司都一样，每个团队也都有这种喜欢用权谋来“毒害”年轻人的员工，他们总以为玩阴谋玩权术是多么了不起的事情，其实这是他们认知上的缺陷，从古到今，大部分的胜利都取决于正面战场的作战，由正规军来决定，而不是靠什么阴谋诡计。

日本战国时代，伊贺的忍者军事集团凭借地形、陷阱、火枪、火药、武术、诡计，不断骚扰织田信长的运输线，一次次击败织田大军，甚至成功埋伏袭击了织田信长的儿子。最后怎么样呢？织田信长腾出手来，五路大军并进，一举踏平伊贺。

所以，一个团队或一个人的胜利，真正起作用的是阳谋，而不是阴谋。阳谋是一点点成势，对手在哪怕看穿了你的意图之后，也不得不在不利的条件下和你正面对决，因为就算是明牌打，他也没有什么更好的选择。

年轻的职场人，应该有年轻人的样子，要正道直行，不要搞团团伙伙，不要拉帮结派，不要信奉职场上那套阴谋理论，踏实肯干、巧干，好过偷奸耍滑，我工作二十多年了，没看到过谁的成功是不付出汗水，没有只靠玩心眼就可以获得的成功。

06

照章办事，才能最大限度保护自己

当年，我从一个单位调到另外一个单位，第一次办理正调手续，才知道，原来正调一个人是这样麻烦，要转工资、转关系，要跑很多地方办手续。我是在顺利的情况下，足足跑了两天，方才将调动手续办完。

我不禁想，我在综合办公室工作了这么长时间，对各个部门职能职责了解相对透彻，去办事情，不会跑错部门，走冤枉路。即便如此，办一个调动，也是经历了不少周折；那些不熟悉情况的人想要办事时，不知道该找哪个部门，被支得满城跑，怎么能没有意见呢？

“调动只是走个程序，意思一下，差不多就行了，要这么多繁琐程序做什么！”我当时觉得有很多程序，都是折腾人的。

哦？看吧，这就是不成熟的小青年，在遭遇些许周折时，貌似针砭时弊，实则是大放厥词！

奉劝各位，千万不要在职场信口乱想、胡说。很多时候，你所认为的切中问题之要害，大多数都只是摸了摸冬瓜表皮上的白霜，根本没有深入，更谈不上鞭辟入里。

如果你再以一副义正词严的姿态在领导面前慷慨陈词，领导只会不动声色地忙自己的事，然而心中却会暗暗想：年轻人啊，真有趣，果然都是不成熟的。

没有经过深入调查、深入了解、深入思考的看法，很多是假大空的看法，有些是为了表明自己有看法而主观臆断的，都是经不起推敲的。

例如，我当初认为那些烦琐的程序是多此一举的，但对于职场中人来说，绝对不是。恰恰相反，这些繁杂的程序其实是保护职场人的金钟罩、铁布衫。这是我在日后的工作中才体会出来的。

很多事情，走程序，就是讲规矩。一旦你手中有了些许权力，便知道，熟人打招呼，或者看办事人可怜，动了恻隐之心，简化程序或者干脆跳过程序给他们办事是多么容易。但是，这一个个的容易，注定会为你的职场失意埋下伏笔。

因为，开口子、开绿灯，不按规定的程序和流程走，一旦出事，你是一定要承担责任的。

如果不开口子、不开绿灯，出事了，“我是按规章办事的”就是你的护身符，这个责任最终要谁来承担，是你的问题，还是程序、规章制度的问题，那还得再合计合计。

所以，我奉劝各位职场中人，你手头也有一块儿工作，这块儿工作也有工作程序和规章，你在照章办事上，一定要严谨一些，这样才能很好地保护自己。因为每一次不走程序，都是冒着大大小小的风险的。

另外，一旦你把走程序的意识树立起来后，你就不再是公司所谓的老好人了，渐渐地你会发现，尊重你的人越来越多了。为什么呢？

因为你用照章办事光明正大地在公司刷出了“存在感”。

07

在职场过于礼貌，会让人觉得虚伪

很多年前，我有一个同事王先生，他被借调到我们单位帮忙，领导看他很懂事，并且很会写材料，就把他正调过来了。

但是，一年后，大家对王先生都持有一种深深的戒心。这种戒心，也影响了他的发展。当年，单位很多不错的年轻人都有机会给领导当秘书，但是唯独翩翩君子王先生没有机会，起码在我离开那个单位前，他一直没能给领导当秘书。

为啥呢？我先谈谈王先生的日常表现。

说王先生是君子，没有一个人反对。他简直可以做我们公司的礼仪大使，他真正把“君子和而不群”这个理念践行到他为人处世的每一个细节上。

无论和他乍相识还是同事多年，他哪怕借你的笔用一下，也会极其客气地点头说：谢谢您。

在借调时期，他在食堂吃饭，大家都在排队，只要他后面有人，他总是会对身后的人说一句：您先请，然后自己跑到队尾。

年轻人聚餐，他总是站起来为大家服务好，生怕哪个同事对他不满，他总是微笑着附和别人的发言，微笑着点头，微笑着说“是是是”，但是，他却从来不讲什么，关于他的一切，都是谜。大家都只会记得他谜一般的微笑。

就相貌而言，他不是天生的木讷老实模样，甚至看上去还非常精明甚至狡黠，所以大家便会觉得这个人藏得深。那些年，《笑傲江湖》热播后，大家背后都称呼他为“老岳”。

所以，各位读者，你说他有错吗？说实话，真没有。一个有礼貌的人、谦虚的人、谨慎的人，应该在职场上发展很好的呀！可是并不是。

因为，很多形式的东西、看似正确的东西，比如礼貌、礼仪等等，只是陌生人交际中让双方都感到舒适的一种媒介。这种东西，我认为，不能成为你的日常、你的生活全部，尤其不能成为熟人之间的交际法则。不然，别人总和你掏心掏肺，你却把自己藏得严严实实；别人把你当兄弟，可你总用礼貌的形式把别人往外推。

时间长了，大家都会觉得你只能远观不能近交。

为啥？因为摸不透你啊！谁知道你这样“深藏不露”到底是图啥啊？谁知道你这谦和的表象下隐藏着些什么呢？

有些时候，大家的看法会逐渐影响领导的看法，大家都觉得他为人虚伪，渐渐地领导也会觉得他确实有这个问题。所以，一些为人处世可能有些小毛病小问题的年轻人都被领导挑选去当秘书，唯独他没有被选。

因为即便一些年轻人为人处世有一些小毛病小问题，但是起码能被看透啊，他虽然处处落不下话柄，但是谁也不知道他到底是何方神圣，心里到底想的是什么。大家都会心里犯怵，对这样的人选择避而远之。

所以，年轻人，一定要分清表和里，表面上不妨随和一点、人性化一点，别人称兄道弟，我们也五湖四海；别人偶尔放飞自我，我们也别正襟危坐；别人吹牛要骑虎驭龙，你也可以夸夸海口。可以端着，但要分人，该端的时候要端得起来，该放下架子的时候就一定得放下架子。

什么事情都要有个度，不要过于礼貌，这会显得十分生分，让人不自觉地保持与你的距离。不要一直在云端走路，适时也要接一接地气。

08

完成工作的技巧和艺术，你得掌握

在公司，有不同的工作，有些是日常事务性的工作，有些是领导临时性交办的工作，有些是被抽调过来进行攻坚克难的工作等，但无论做什么工作，你思考、反省过工作所需的技巧和艺术吗？如果你没思考、反省过，那你日后就有可能陷入“干了也白干”的境地。如何把工作干出彩、干出效果呢？我来谈谈我的看法。

一、如果肯定完不成，干脆不要开始

我这样说，并不是让你瞻前顾后、畏缩不前，对于那些肯定没有结果的事，对于那些远超出我们能力和条件所允许的范围的事，不如在一开始就拒绝，否则，干到最后，你也不会因此而有功劳，可能还会挨批，晚挨批还不如早拒绝。

二、任何时候，目标都要明确

干工作时，不能稀里糊涂，在任何时候，都要清楚目标是什么。如果不清楚，建议停下来搞清楚再做。并且一定要清楚自己在这项工作中的任务，清楚自己的任务在整个工作中的位置和重要性，做事一定要目标明确。

三、明确各项工作的优先级

很多人干工作，总是眉毛胡子一把抓，从来不会对经手的工作做一个轻重缓急的分类，这种做事的方法是有问题的，看上去非常忙，但是却总是挨批评，做事分不清主次，是工作能力低下的表现之一。所以，我们必须在自己很忙的时候，对手头的事情做一个优先级分类，重要和着急的事情优先做，其他的事情可以明天做，或者今天晚上加个班来做。

四、保持交流

因为交流不充分而导致的误解，是出现问题的重要原因之一。有效的沟通交流，是工作成功的保证。所以，务必建立一个有效的沟通机制，搭建一个有效的沟通平台，这个平台可以是钉钉，也可以是微信群。

五、蚂蚁啃骨头

有一句老话：能慢不能站，站一站，二里半。意思就是做事情要有一种韧劲，不能干一会儿就休息一会儿，可以放慢做事的节奏，但是最好不要停下来，要确保自己接手的每项工作，在一个较长的时间段内都有肉眼可见的进步，这个进步不管是大还是小，一定得有。工作一旦放下，再捡起来很难。

做事出错，是难免的。出错后，一定要尽快找出错在哪里，及时地修正工作中的错误，然后继续前进，不能因为犯错了就心生气馁，停止不干，更不能把时间浪费在相互指责上。要充分发挥蚂蚁啃骨头的劲头，虽然蚂蚁的嘴巴很小，但是它一口一口持续不断地啃噬骨头，假以时日，也能把骨头啃个精光。

六、追求完美是完成工作的敌人

很多人在工作中有强迫症，总想着把工作做到完美、做到极致。这样做无可厚非，但是我们每个人的精力都是有限的，并且我们不是只有手头上这一项工作，所以从这个角度上来说，过于追求完美是没有必要的。

我们必须学会妥协，必须接受在某种条件下，只能把经手的工作做到一定程度。

虽然匠人精神值得褒奖，但工作有轻重缓急，如果一直把精力用在追求完美上，那势必会耽误其他工作，领导也会觉得你工作效率有问题。所以，工作干到什么程度，你心里一定得有个数，不要一直盯着一项工作，把其他工作都甩在一边不闻不问，要兼顾全局。

我们每个职场人都需要靠工作来展现自己，工作完成的好坏，大概率会影响我们在公司的发展，所以，我建议大家在干工作时，一定要有一个清醒的认识，一定要权衡利弊、目标准确，又好又快地完成工作任务，这是在公司立足的根本。

09

每天能对照本章内容反省，日后必成大器

曾子说：吾日三省吾身。本章内容，每个职场中人都可以将其作为每日反省自己的标准。如果你能坚持几个月，那这些就会固化成你的习惯，让你成为一个非常优秀的人。请仔细对照吧。

一、沉稳

（1）不管是在职场还是在生活中，都不要轻易把自己的情绪显露给大家。

（2）切忌缘浅谈深，不要在任何场合见到说话投机的人，就把对方当成知己，然后跟别人说自己的不幸、困难、心中所想等等。

（3）如果想就某事听听别人的意见，建议自己先就此事做成熟的考虑，在征询别人的意见时，不要先把自己思考的结果告诉他，

让对方先讲。

（4）不要在公司唠叨你的不满，当然，在家里也不要唠叨。一直唠叨不满的话，很丧！一个低气压、负能量的人，很容易引起别人的反感，并且，你唠叨的那些不满，起不到任何作用。

（5）如果你决定做一件大事，或者你想公布自己的一件大事，不着急，最好先等等，起码要等一天再做决定。越是大事，越要思虑万全后再做，不然，很容易后悔。

（6）说话一定要慢、走路一定要慢！说话、走路都非常着急，会给人一种十分不稳重的感觉，一旦不稳重的印象留下了，别人也会觉得你办事或许也是不牢靠的。

二、细心

（1）要让大脑动起来，对身边发生的事，不管是大事还是小事，要经常思考它们之间的联系。

（2）在工作中，对于自己或下属执行不到位的问题，要深度挖掘他们的根本症结。

（3）对习以为常的做事方法，要思考是否有改进或优化的建议。

（4）做什么事情都要养成有条不紊和井然有序的习惯。

（5）经常去找几个别人看不出来的毛病或弊端，训练自己的观察能力。

（6）自己要随时随地对有所不足的地方进行补位。

三、胆识

（1）说话时，要自信满满，哪怕故意把声音提高八度。

（2）不要经常反悔，动不动就把自己已经决定的事情推翻。

（3）要有自己的主见，不要别人问你什么意见时，你说“随便”。

（4）要保持积极、阳光的进取心态，尤其是大家都情绪低落时，你一定要第一个振作起来，做积极情绪上的领头羊。

（5）但凡是自己经手的事，都尽量用心做好，因为一定有人会看得到！修合无人见，存心有天知。把事情用心做好，是成功的基础。

没有人能一辈子顺利，当事情或生活不顺的时候，没必要自己使劲逼自己，允许自己停下来、歇歇脚、喘口气，重新寻找突破口。

四、大度

（1）千万不要因为意气之争而给自己增添不必要的麻烦，甚至为了赌口气把可能是伙伴的人变成了对手！得虚名而招实祸，是非常愚蠢的。

（2）不要宽于律己、严以律人。对自己的错误、失误非常包容，而对别人的过失却念念不忘、斤斤计较。什么叫成熟？成熟就是眼里能容得下沙子，也能容忍得了傻子。

（3）为人处世，不要抠抠缩缩，该你掏钱请客吃饭，你就不能回避，要大大方方。

（4） 不要有权力的傲慢，自己手里有一点小权力，就觉得自己无所不能，其实侧目看山，山外有山，抬头看天，天外有天，傲慢是要不得的。

也不要有知识的偏见，不能因为自己学识丰富，或擅长某学科，便听不进别人的话、建议。有知识的偏见的人，很容易走近死胡同！所以古人经常说：兼容并包、海纳百川，才能成其大！

（5）不要小气，你取得的成果和成就，最好都要无私地与身边人分享，甚至可以把功劳分让给他们，有句话说得好：财聚人散、财散人聚，当然，财只是一方面，我的意思是，要无私一点，不要把功劳和成果都死死地搂在自己怀里，只有无私分享，你才会有更大的一片天地。

（6）当一项工作、一个团队，必须有人做出牺牲或奉献的时候，建议你主动走在前面，这样既为领导分了忧，也体现出自己的牺牲精神。这种人，渐渐得会成为团队的主心骨。

五、诚信

（1）做不到的事情不要说，说了就努力做到。做不到，最好在一开始就不要讲出口。

（2）很多人喜欢吹嘘，或喜欢给人画大饼，我建议：虚的口号或标语不要常挂嘴上。自己吹嘘得震天响，殊不知他人一定不会因此高看你一眼，反而会觉得你是虚头巴脑！

（3）针对别人提出的“不诚信”问题，要拿出改善的方法。人和人交往，被他人认定不诚信，是非常严重的，这无异于对你们的社交关系判了死刑。所以，最好想办法改变这种现状。

（4）禁用一切“不道德”的手段。很多事情，虽然靠不道德手段暂时得到了一些利益，但在利益的背后其实是标准了更大的价码的。换句话说，靠不道德手段获取的任何利益，你得到的一定比失去的少！

（5）耍弄小聪明，谁都不傻，靠小聪明过活的，也只能混迹于较低端的圈层。小赢靠智，大赢靠德，不管小赢还是大赢，那点儿小聪明是靠不住的。

六、担当

（1）检讨过失，先从自身或自己人开始反省。不要先说别人的毛病，自己的问题却一笔带过，这是典型的不负责任、没担当的表现。

（2）事项结束后，先审查过错，再列述功劳。

（3）认错从上级开始，表功从下级启动。

（4）着手一个计划，应该先将权责界定清楚，并且分配得当。

（5）对“怕事”的人或组织要挑明了说，不要遮遮掩掩，欲说还休。

（6）因为勇于承担责任所造成的损失，公司应该承担。

如果任何一个人，每天都能够按照以上各项来反思自己，坚持半年，就能够把以上提到的这些固化成自己的工作、生活习惯，这个时候，你就是一个优秀的人了。

10

在职场，千万别一根筋，最好两条腿走路

人生的道路，就像树杈，走着走着就岔出新枝丫，你往哪条道上走呢？很多职场人都会感到迷茫，其实不仅是年轻人，连我这个在通往中老年群体的道路上飞奔的人，也会经常性地感到迷茫。

迷茫就对了，一个人从生到死，都有令他感到迷茫的问题，都有他无法解开的难题。很多人都是在迷茫之中抛硬币似的选择了一个方向，侥幸成功了，他就有了话语权，什么都可以随便说，说什么是什么，失败了，他就哑口无言了。

所以，有时别过于羡慕那些成功的人，他们也许是赶上了好机遇，或者是在冥冥之中做选择的时候，苍天对他的垂青多过你而已。

我年轻的时候，其实有过多种选择，即便我在单位里，我还是有机会多一种选择，可惜，我没有选。我只是坚定地在这条道路上

尽心尽力地奔跑着……

很多读者要鼓掌了，为我的坚持鼓掌，我摆摆手，其实我想表达的不是我有坚持的精神，而是该变通时还是要灵活变通。人生的道路是可以有多种可能性的，不要把所有的宝都押在一方，就和不能把所有的金子都藏在枕头底下是一样的。

20 年前，我刚参加工作不久，有个朋友邀请我私下里做一些事情。那时，电脑刚刚起步，他觉得是个机会，他想当个中间人，找到电脑批发商，然后批发回来再转手卖给学校、机关或者个人。

那时，整个县城都没有一个卖电脑或者修电脑的，所以，这确实属于朝阳产业，是一片蓝海。他一个公司一个单位地推销，厚着脸皮留自己的联系方式。生意还可以，也仅仅是还可以。

后来，他谈成了一笔大采购，得到了全县所有中小学的电脑采购权。于是，他的生意爆棚了！

像这种天生具备商业头脑且踌躇满志的人，不会就这么停止前进的脚步，他尝到甜头后，迅速地把这种套路复制，到周围的几个县里去一一实施……

再后来，他停薪留职了，专门做这门生意，三年时间积累了几千万的资产。

不错吧！我是说他，没说我。因为，当初他邀请我一起做的时候，我没同意。

可是，我当初考虑的是，我只想在单位里好好干。我那时候刚当了秘书不久，难得碰到一个好领导，我可不能给他抹黑，万一让领导知道我卖电脑，他可能会猜测我打着他的名号去做生意。

我甚至都没有深思熟虑，就果断拒绝了他的邀请。而后，眼看他起高楼，眼看他风云起……

而今，回想此事，我说一点儿都不后悔，那肯定是假话，毕竟这是我距离实现财富自由最近的一次。

我想表达的中心思想是，年轻的职场朋友，在你们年轻时，不要完完全全把自己的未来押在一条道路上。我强烈建议，在年轻的时候，可以私下里做一些事情，是兴趣爱好也好，是追求多金也罢，总之，要让自己的人生多一种可能性。

但，要分清楚主业和副业，合理地分配好精力，不能本末倒置。

11

在职场，和写文、办事同等重要的本事是办会

公司的日常工作中，经常要开各种各样的会，比如工作调研会、项目启动会、研讨会等。会议是各公司研究部署工作的重要手段，会务工作的质量与水平直接影响到决策及其落实的质量和水平。

作为普通的工作人员，办会是必须掌握的，本章会详尽列出办会的流程和注意事项，供各位读者参考。

一、会前准备

1. 拟订会议方案。

会议方案是整个会议的总纲，是会议意图、目标、计划实施的书面表现形式。内容包括但不仅限于会议名称、时间、地点、规模、主要内容、议程、拟请出席领导、参会人员范围、日程安排、文件材料目录、宣传报道、食宿行安排、安全保卫、工作班子组成及职责分工等。

制订会议方案时，要坚持复杂程序简明表述、简单问题慎重对待等原则。方案起草完毕交由领导审定通过后，一定要及时召开相关负责人协调会，对会议的各项工作任务进行详细分解。

2. 起草、审核会议通知。

会议通知是会议向参会人员传递会议信息的方式，也是参会人员反馈信息的重要渠道。起草会议通知要做到表达准确、条理清楚。通知的内容包括但不仅限于会议名称、主办单位、主要内容、报到时间和地点、参会人员范围、报名要求、有关事项等。

会议通知一般由会议的承办单位负责起草，然后报有关部门和领导审核签批。做好这项工作，关键在于落实会签制度与提高效率相结合，既要严格按程序逐级审核把关，又要迅速及时。

3. 下发会议通知。

下发会议通知，一要及时，使参会人员有充裕时间做好准备；二要准确，防止重发、错发、漏发。召开紧急会议需要电话通知时，要注意语言的使用，避免出现“明天”“后天”等字眼，必须说明几月几日（星期几），防止理解不准确或记错。

4. 落实参会人员。

按照会议要求时间，对参会人员逐一落实并做好登记，必要时要进行电话核查、督促，统计汇总后拉出请假人员名单，并及时向有关领导报告。

5. 协调出席领导。

根据会议性质拟写领导出席安排，报请秘书长同意后，逐一进行电话通知。内容包括会议时间、地点、议程。并帮助衔接、督促讲话稿或主持词的起草与报送，确保将其及时送到相关领导手中。会前半小时再对出席领导进行一次手机短信提醒。

6. 预订会议室。

会议时间确定后，立即与会议场所有关方面沟通，预订会议室，并安排做好前期准备工作。

7. 编印会议须知。

参会人员通过会议通知得到召开会议的信息，但会议有关安排、要求，需要通过会议须知来了解。大型会议活动需要编印会议须知，须知编排要求准确、周密、合理。内容包括日程安排、与会人员名单、分组名单、食宿安排、乘车安排、值班电话、作息时间、注意事项等。

8. 制作会议证件。

会议证件包括出席证、列席证、工作证、车辆通行证等。证件制作要根据会议主题，从易于识别、方便管理、利于安全的原则设计制作。

9. 布置主席台。

主席台是会场的中心，是会议性质、规格和气氛的集中表现。主席台布置要从会议性质、领导人数、主席台大小以及方便领导出入席等方面综合考虑。

10. 制作会标。

会标体现会议的主题，会标制作一定要准确无误，并注意把握会标的长度、字体与会场是否协调一致。

11. 检查音响和灯光。

根据会议议程安排话筒的数量和摆放位置，并严格落实“三检查”：布置会场时检查；会前半小时检查；会前十分钟检查，确保万无一失。检查会场内是否有灯泡损坏，如有，提前进行更换，有投影演示时须及时调节灯光。

12. 编制座区图，摆放座签。

根据统计整理后的与会人员名单，合理安排与会人员的会场座次。座区图和座签要反复进行核对，防止遗漏、重复，防止出现错别字。

13. 组织、调度会议用车。

大型会议活动，需要借用或租用车辆。要安排专人负责车辆的召集和调度，车辆较多时要编排乘车分组，并对车辆进行编号。

14. 安排新闻报道。

需要新闻报道的会议，要提前通知有关新闻机构，并要求其将记者名单上报，再按名单通知到具体人。

15. 安排会场警卫和交通疏导。

通知相关部门做好会场警卫及交通疏导工作，防止会议过程中出现意外情况。规模较大的会议，由于到会车辆较多，要安排交警在会场附近进行交通疏导。

16. 电力保障。

会前与供电部门沟通联系，安排保电任务，同时安排会议场所进行内部检修。会议过程中还须安排专人值班，以便应对突发情况。

二、会中服务

17. 组织会议报到。

会议报到对参会人员身份再确认的过程，是与会人员领取会议证件、文件材料、办理住会手续的必要环节。通过报到能及时让参会人员了解会议安排、掌握会议动态，也能使会议组织者及时知晓与会人员情况。会议报到工作要求热情周到、迅速准确、有条不紊。

18. 分发会议材料。

会议材料可以在会前通知各参会单位派人领取，也可以在会场签到处一起发放，或是提前放置到与会人员桌上。要做到“三不”：不错一字、不漏一份、不落一人。对摆放在主席台上的材料，要从头到尾检查顺序和页码，确保不出差错。

19. 与音响师对接。

准备一套会议材料，包括会议的主持词，交给音响师，以方便其把握议程安排与音响的调配。

20. 会议值班。

会议值班是为了收集和发送有关会议的信息，协调处理会议期间各项工作和突发事件，落实领导交办的事项等等。必须安排一人在会场内、一人在会场外值班，及时沟通情况，确保联络畅通。值班人员要时时将会议的实际进展情况与会议议程进行反复对比，掌握会议进程。

21. 会场服务。

提醒工作人员定时供应饮水，巡回检查会场内的音响、灯光、室温、通风、屏蔽等情况，发现问题迅速补救。遇到特殊情况需要向会议主持人汇报时，要采取灵活的方式处理，最大限度地减少对会议的影响。

22. 维护会场秩序。

会场秩序包括会场内秩序和会场外秩序。会议召开时，在会议室门口安排专人值班，防止无关人员进入会场，会场内禁止大声喧哗。发现会场内不遵守纪律的行为，予以提醒和制止，要注意做到言辞温和有礼，态度严肃认真，行动不温不火。会议开始后安排专人到会场清点人数，对迟到、缺席者进行记录。

三、会后总结

23. 会议资料总结归档。会后将会议所有文件，包括会议方案、会议通知、会议须知、会议简报、会议发言材料、领导讲话等收集起来，按顺序装订成册，以备查考。有些会议还要做好录音、录像资料的收集整理。根据保密原则，对须回收的会议材料要逐份清查回收。

24. 召开分析总结会。分析总结会务工作中的经验和教训，找出规律性的东西，以指导做好今后的会务工作。注意收集参会人员对会务工作的意见，虚心采纳、整改提高。有的会议还应写出专门的总结，连同其他会议文件，一并归档。

12

职场新人，一定要认真做好本职工作，尽量扩大接触面

职场年轻人，刚到一个新的工作岗位上，最应该先做的就是快速熟悉本部门、本岗位的相关业务，尽快成为业务能手，当然不仅要把自己的工作做好，还要熟悉本部门其他岗位、公司其他部门的相关业务，这些都不是无用功，多了解、多参与会让你的成长速度加快。

比如，如果你的工作是技术岗位，你在熟悉自己业务技术的同时，还需要站在公司这个层面上，俯瞰你的工作，看看你的这个工作岗位在公司这台大机器上处在什么位置，和其他工作岗位有什么联系，在这个俯瞰的过程中，你会了解到公司的其他业务，渐渐地，你也会了解到其他岗位做事的规则和方式。

学会跳出自己的岗位，在高处俯瞰自己的岗位，能够让你有一个全局观。当然，在这个过程中，你还会学习到他人做人做事的长处，这些都是能开阔你的眼界的，不要把自己封闭起来，要想办法拓宽自己的眼界。在把自己的工作干好之余，最好多和他人接触、学习，学习他们的长处，只有这样，你才能快速地成为一个合格的职场人。

但，作为职场新人，最好不要陷到公司的家长里短中。

比如，等你在公司站住脚，接触的人越来越多，和身边的同事渐渐熟络起来后，你一定会碰到同事之间那些鸡毛蒜皮或八卦绯闻的事，这些事无论你在哪个公司都会遇到，他们讲，你就听，听完了就忘掉，这些都是无意义的事，不要让它们钻进你的大脑里，甚至介入其中。

即便这些事情牵扯到你，比如有人传播有关你的流言，你没必要把那些捕风捉影的流言放在心上，年轻人，请把眼光放长远一些，坚信自己不是池中物！努力做好自己的事，努力去寻找上升的机会，努力保持自己独立思考的能力，最好不要沉溺于这样无聊的是是非非中。人的精力都是有限的，如果你的精力浪费在这些鸡毛蒜皮的事情上，那花在正事上的精力肯定就会少一些，长此以往，你的心胸也不会开阔，当初的雄心壮志也会被这些家长里短磨个精光，成了一个眼光狭隘、每日自寻烦恼的可怜虫。

不参与家长里短，不是不让你去深入交往，而是要有所选择，要深入结交，就结交那些人品优良的人，这才是拓宽视野，增长才干的大好机会。和人品优良的人接触，自己也会受益匪浅。

如果你能够遇到一个非常不错的领导，那真是你的幸运，在工作之初能遇到一位好领导，能让你的职场少走很多弯路，他能让你在工作之初就养成正确的为人处世的习惯，很多年轻人没遇到这样的好领导，在以后吃了很多亏才知道职场上什么是对的，什么是错的。

当然，即便遇到这种对你垂青的好领导，你也不能因他垂青而造次，领导就是领导，你对他只能有尊重、尊敬，最好不要兄弟相称，最好不要觉得你们之间感情好，便说话、做事都不注意了。很多年轻人就是因为没把握好这点，导致领导觉得他是一个没轻没重的年轻人，进而不再垂青。这是非常可惜的。

在你漫长的职业生涯中，可能会遇上优秀人物，也可能遇上很糟糕的人物，而更多遇到的是那些既有缺点、又有优点的前辈，你要做的，是表达你的诚恳、善意和合作，大大方方，不要太敏感，不要执拗。

初入职场，一定要广结善缘，但又要区别对待。对于良师益友，要多花时间和精力，对于品行不好的同事，最好是避而远之。

在工作之初，多花一些精力在工作上，总是不会错的。工作，从某种意义上来说，就是你社交的名片和媒介，你可以充分利用好它，来打造和构建自己的朋友圈，所以，那些在工作中吊儿郎当的人，是很难很好地利用工作这个平台的，这是非常可惜的。

工作之初，不要每天都窝在公司、窝在家里，要勇敢地走出去，多和他人交流，尤其是和优秀的人，在和众人的交流当中，你不仅会捕捉到很多机会，而且能学到很多在工作上学不到的东西。

13

处理左右为难的事情，你要记住这几条

很多职场的年轻人，在面对一些似是而非或者可左可右的情境时，总是陷入迷茫，费尽思量却不知该怎么办。

这些让你头疼的问题，你或许已经遇到，或者迟早会遇到，你不能自乱阵脚，要先做有效的思考，然后做出正确的判断。

我梳理了正确处理这种问题的思路。

第一，无论任何事情，你首先都应该考虑的就是合不合程序。

眼光一定要放长远一些，因为人心隔肚皮，我们不知道对方在事件的背后隐藏了什么算计，有可能就是看我们不谙世事，让我们去顶雷的。年轻人尤其要注意，一些领导会让你做一些违规甚至违法的事情，我们首先要考虑的一定是这件事合不合程序，因为照章办事才能够保护我们，所以，该拒绝的一定要拒绝，别担心得罪了领导，自己的职业生涯就没发展了，没那么严重。

如果这个让我们做违规事情的领导在日后给我们小鞋穿，大不了换个岗位，即便换不了，也比有朝一日东窗事发，让我们去顶雷要好得多！所以，首先在要保护好自己，将未来的发展放在第二位。

第二，多向前辈和靠得住的同事请教。

很多时候，在一切模棱两可的事务上，如果你的想法、专业认知等和他们的相矛盾，那么请尊重并认真思考他们的意见和建议。因为他们在这个岗位上经历得多，并不是第一次处理这些事情，对待各种事情也比你得心应手得多，多思考他们给出的意见和建议总是有好处的。

第三，做不做模棱两可的事，要看看它是否合理。

如果一件模棱两可的事情，不是你的分内事，你做与不做，既没好处，也没坏处，那就不要多管闲事，职场大多如此，做得越多，错得越多，得到不公平的评价就越多。

比如，公司里有一个老同志，看你是年轻人，经常让你帮忙，你帮了一次，他又来第二次，好像你帮他是天经地义的，甚至要求你优先帮他做事，挤占你分内工作的时间。他只是爱使唤年轻人。这种情况下，你帮他两次就够了，帮太多反而还会影响你自己的本职工作。下次再让你帮忙，你可以提前把丑话说在前面：“好的，一定给您做完，但是可能时间会晚点了，因为手头上还有三个材料，领导都催得很急。”过了两三天，若他来催，你可再说：“实在不好意思，刚挨了领导的骂，现在还在修改材料，您放这，我一定给您做。”总之，要学会委婉地拒绝他。

大体的思路就是这样。

14

说得当、得体的话的几条建议

很多人一张嘴，让人觉得如沐春风，大家都喜欢和他交流，他的人缘也是出奇地好，但有的职场人，虽然非常实在，本质也不坏，但是一张嘴，大家就皱眉头，因为他没有掌握说话的技巧，总是说一些非常不得体的话，这是一个坏毛病，必须加以纠正，不然，长此以往，是会没朋友的，当然，职场路也会走得非常崎岖。人在职场，要怎么说话才能得体呢？

一、以最婉约的方式，传递坏消息的用语

比如你刚才得知，一件非常重要的案子出了问题，如果立刻冲到领导的办公室里，报告这个坏消息，就算不干你的事，也只会让领导质疑你处理危机的能力，弄不好还惹来一顿骂，把气出在你头上。

此时，你应该以不带情绪起伏的声调，从容不迫地说出本来，千万别慌慌张张，也别使用“问题”或“麻烦”这一类的字眼，要让领导觉得事情并非无法解决，此刻，你可以说：领导，工作出现了一点小状况，我们已经在处理了，我过来给您汇报一声，您有什么新指示吗？

二、说服同事帮忙的用语

有件棘手的工作，你无法独力完成，非得找个人帮忙不可，于是你找上了那个对这方面工作最得心应手的同事。怎么开口，才能让人家心甘情愿地助你一臂之力呢？你应该给他戴高帽，并保证日后成功必定酬谢他。比如，你可以这样说：我做这个事遇到难处了，我想了很多天都没办法解决，大家都说您是这方面的专家，在全国都排名靠前，我本来不敢耽误您的宝贵时间，但是这个坎，我确实迈不过去了，所以厚着脸皮来找您。如果您能助我一臂之力，帮我渡过难关，日后我一定会好好酬谢您。

三、巧妙闪避你不知道的事的用语

领导问了你某个与业务有关的问题，而你不知该如何作答，千万不可以直截了当地说“不知道”。此时，你可以说：“领导，这个事情我正在跟进，大体的情况我也了解，但是具体的数据和动态，我不太确定，我去核实准确后，立即给您反馈。”

四、不要说“但是”，要说“而且”

试想你很赞成一位同事的想法，你可能会说：“这个想法很好，但是你必须……”这样效果就大打折扣了。你完全可以说出一个比较具体的希望，来表达你的赞赏和建议，比如说：“我觉得这个建议很好，而且，如果在这里，再稍微改动一下的话，也许会更好……”

五、不要说“几点左右”，而要说“几点整”

跨部门协调时，你对他说：“我在明天 11 点左右，再给您打一次电话。”这就给人一种印象，觉得你并不想立刻拍板，甚至是更糟糕的印象——别人会觉得你的工作态度，并不可靠。最好是说：“明天 11 点整，我再打电话给您。”

六、不要说“务必”，而要说“请您”

大家都有很多倒计时的任务。每个人压力已经很大了，而你又对大家说：“你们务必再考虑一下……”这样的口气，恐怕很难带来高效率，反而会给别人压力，使他们产生逆反心理。但如果反过来，谁会去拒绝一个友好而礼貌的请求呢？所以最好这样说：“请您再考虑一下……”

当然，还有很多得体话的句型，在此就不一一列举了。建议大家以后在说话时，不妨多换位思考，你说出的这句话，你听了会舒服吗？如果自己听了都觉得不舒服，我建议就不要说，或者换成自己听起来舒服的句型说。

15

横冲直撞的年轻人，我没见过有几个是有好结果的

我是很早就知道这个因果的。在职场上，个性太强的人，运气好的话，尚能在吃一堑后成熟起来，变得温暖如春日；运气不好的，直接夭折在职场半途，以后的发展一言难尽。

在职场上，性格柔软得像水一样的人，是非常有优势的，反倒是那些自认为有能力、在职场中横冲直撞的人，往往是“悲情英雄”。

当年，我单位里有一个年轻人姓付，他是一个领导的秘书。这个小伙子非常灵光，做事情也非常有魄力，领导一开始非常喜欢他。因为给他交代的事情，他绝对会超过领导预期地完成好。

和领导的“热恋期”一过，小付的问题就凸显出来了：他过于强势！

小付经常给平级的人下命令：必须在两个小时之内把材料交给他！无论对方此刻在做什么，都必须放下手中的活，把他交办的任务完成。

其实同事之间，是一个相互配合的关系，没有必要这么强势，没必要因为工作把关系搞得这么僵，小付也知道这个道理，但是他就是忍不住，他觉得工作上的事就是天大的事，谁也不能耽误了。

所以，大家都有这么一个感觉，私底下可以和小付做朋友，但是不要和他有工作上的往来。因为他在工作上较为强势的作风，让人感觉不舒服。和他撕破脸吧，为工作上的事得罪他，划不来；不撕破脸吧，他颐指气使的样子，实在让人难以接受。

时间长了，这个情况就传到领导的耳朵里了，领导当然没有批评他，只是提醒了他一下。我觉得领导在心里是大体上满意小付这样做的，谁不想要一个用起来顺手的秘书呢？但是，领导还是好心地提醒了他一下，毕竟以后大家都还要相处，不要因为工作得罪人。

小付虽然当时点头答应，但是渐渐地，这种作风又显露出来。就这样，他称职地当了两年的秘书，之后，领导被调走了，领导走之前，还是为小付考虑了下，原地提起来当了办公室的副主任。

再后来，就没有后来了，起码是很长时间都没有后来了。

因为铁打的兵，流水的领导。

小付的领导调离了本单位后，当年被小付在工作上欺压的同事，看到他基本上都不搭理他，如无必要，都不想和他打交道。他和其他同事的关系非常差。

仕途的茫然，加上糟糕的人缘，让小付内心深感悲凉，年纪轻轻便对职场萌生倦意。就这样在科长的位置上沉寂了好几年。

是的，任何工作岗位、工作职责，都是暂时的，人和人之间的关系却是永久的。年轻的职场同志，最好不要因为工作关系而得罪任何人，也千万不能小瞧任何人，不要因为别人的部门弱势，或者别人是基层的同志，就把人放在门缝里看。大家都是平等的。

读者们，你看看历史上那些能吏，汉朝的张汤，明朝的张居正，清朝的年羹尧，哪个是能善终的呢？

你再仔细看看你身边的那些强硬的、咄咄逼人的、不肯忍气吞声的同事，哪个又是能走得长远的呢？

适当“窝囊”一点好！唐朝的娄师德，身居高职，尚且告诫弟弟要唾面自干。

所以，别为工作上芝麻大小的事情和任何人闹别扭，甚至是翻脸，实在拗不过他，你可以选择笑一笑走开。即便要强硬，也只能是在关键的节点上强硬。其他时候，都可以忽略不计。

这些话，是说给年轻的同志听的，你们年轻的时候多吞点窝囊气，对你们的成长非常有帮助。不信，你们等一等，等个十年八载，你就会觉得当年因为窝囊而不敢贸然说话，好像都是当时最理智的选择。

16

最快、最大化地去掉稚气和柔气的方法

年轻人在职场，稚气未脱，却想得到重用，那怎么可能呢？幼稚的人怎么能带队伍、扛重担呢？

所以，年轻人在公司，赶紧脱掉稚气。该怎么才能摆脱稚气呢？

摆脱稚气，首先得从形象上摆脱，别穿那些花花绿绿的衣服，尽量穿得老成一些，也不要每天还像孩子似的叽叽喳喳，即便装，也要装得坐如钟，站如松，不轻易乱说话，不轻易开谁的玩笑，成熟最重要的一点就是——闭嘴。

论道行，年轻人确实比不过老同事，所以，年轻人更要学会闭嘴、少说话，十拿九稳的话可以说，拿不准的话，干脆不说，一笑而过。很多年轻人觉得稚气未脱是一顶保护伞，觉得自己啥都不懂，老同事便会把你看作孩子，会容许你犯错误。这种想法，幼稚。

你仔细想一想，是不是大学毕业进入公司后，看到四五十岁的同事时，你忍不住想叫叔叔或者阿姨，老同事都说不要这样叫，说叫大哥或者叫大姐就行了。我认为，这是一种宣告，告诉你并不是孩子了，我也不会在以后的工作中对你客气。所以，迅速成熟，是唯一的选择。

该学老同事说话，就认真地研究他们说话的技巧和语调，该学老同事做事，就认真学习他们处理事务的分寸和方法，自己不会，就悄悄地向老同事学。悄悄地在公司找一个老道的同事，把他当成自己的榜样，每天比对着他学，渐渐地，你也会老道起来。这样，你的稚气就消除了。起码从表面上消除了。

还有一些年轻人，先天不爱与人争先，先天好脾气，后天就成了老好人。虽然每天乐呵呵，但是其实心里也想力争上游。对这种人，我的建议是，要赶紧去掉柔气，别当公司的老好人，一副人尽可欺的样子，对谁都不会拒绝，对谁都摆出一副低姿态。太柔的人，领导怎么敢给你加担子呢？万一把你压垮了怎么办？

那要怎样赶紧摆脱柔气呢？是不是每天到公司拉长脸，对谁都怒目而视？当然不是这样。每天依旧要把笑挂在脸上，做事也要秉持与人为善的原则，但是在很多事上一定要有个底线，如果一味地没底线，一味地自我存在感迷失，那便永无出头之日。

如果想要改变，那就自己好好写一写在工作中、在生活中，什么是你的底线，你要保持自我的底线，如果超过这个底线，你就应该有所行动和反抗。

所以摆脱柔气最好的方法，就是确定好自己的底线。

一个职场人，如果没有底线，就像面团一样，任人揉捏，自己却还误以为是好人缘，这样是不可行的！必须把自己为人处世和工作等各方面的底线确立好，然后在现实中不打折扣地把自己的底线维护好。渐渐地，你会发现，你越来越正气凛然，也能够逐渐得到同事和领导的尊重和认可。当然，柔气早就一去不复返了。

17

两招，让自己变得老成持重

二十年前，刚参加工作的时候，我的性格是快刀斩乱麻型，接手任何工作，都一心想着尽快搞定，如果工作有尾巴，我睡觉都不踏实。所以每天火急火燎地补完东墙，又准备去补西墙了。

因为这种工作作风，我经常挨批评。因为行事快速，所以相对而言就把握不好小细节。渐渐地，领导就会认为，这个孩子办事是不怎么靠谱的。

有一天，我看到一本书上写汉朝霍光，凡事都讲求精准，上朝参见皇帝，从大门走到该他站立的位置，每日步数都是一样的。我就开始反思自己了，我要让自己慢下来，精细起来。

我的做法，或许大家会觉得可笑。但是，我坚持了下来，收效特别明显。以至于后来，我刚到下一个公司，便听到领导悄悄夸奖我做事比较老成持重。

做法一：一定让自己的语速慢下来，贵人语缓，吉人少言。刚开始很难做到，但坚持下去，到后来你会发现，等自己的语速慢下来之后，自己的性子也不会再像先前那样，听到一些容易让人动怒的话，便火冒三丈，一上头就跟对方理论起来。你的脑子会像嘴巴缓缓说话一样，缓缓地进行思考，找出最合理的处理办法后再付诸行动。

做法二：走路慢下来！永远不展露一副急匆匆的样子。各位看官，您可曾见过我们的领导三步并做两步蹦跶着走路？所以，要慢慢走路，把每一步都踏稳。这种小细节，极其容易影响你的大性格。所以，以领导为楷模，他们的语速是多少，你就降到多少；他们的步伐是什么频率，你就降到什么频率。渐渐地，即便你无意识中求快，也快不起来了。慢下来，是精的前提。

做法三：如何把事做精？这就要拿时间来耗了！所以，在公司，一定要学会巧妙地处理和安排那些不属于自己分内的活：干可以，但是我手头上还有其他活，干完这个活再干您那个活。干就干精品。接到一个活，就慢慢干，干到什么程度呢？干到你觉得你做的这个事已经足够好到超过领导的预期。至于别人怎么催你另外的活，耐心解释清楚后，继续干自己手头的活。确保自己做的每一件事，都是精品。

渐渐地，领导会觉得这小伙子办事到位、老成持重。

渐渐地，把这些行为坚持下来，它们就会深入到你骨髓里，渐渐地成为你性格的一部分。我一直说渐渐地、渐渐地，是因为这些改变，是千万急躁不得的。

常言道，久久为功，是也。

18

当众发言，怎么准备

很多人使劲干工作，却不抬头看路。甚至连公司要转型、调整了都不知道，这是典型的黑瞎子，虽然干得天昏地暗，但也干得晕头转向。干了一辈子，或许都不知道，自己在职场扮演的角色就是那头被蒙上眼罩围着磨盘转了一辈子的生产队大黑驴！

在公司，领导往往都是站在全盘的角度来考虑问题的，既然是站在全盘的角度，难免存在客观上或者主观上局部的些许不公允，难免要顾此失彼、厚此薄彼。这时候，大黑驴被忽略往往就是大概率事件了，因为大黑驴的兢兢业业，全是把功夫用在暗处，不为人知，领导并没有看到。

所以，我们不能仅是埋头拉磨，我们还要抬头仰望星空，只有这样，才是一个称职的职场人。

我们作为职场人，在干好自己本职工作、把磨拉好的同时，还要善于抓住一些当众发言、表现的机会，在这种机会里，你可以把自己的本领直接展示给领导，让领导对你有一个更加全面的了解。

我举个例子，每年的五四青年节，每个公司都会把年轻职工组织起来，来个茶话会，主要领导都会参加。

这个时候，你一定要认真准备！哪怕是加班加点也要把自己的发言稿弄得与众不同，要让稿子烂记于心，把它背诵得滚瓜烂熟，要反复地对着镜子看自己的肢体语言。总之，一定要珍惜每一次近距离接触领导的机会，尤其是这种登台亮相的机会，这种你展示、领导当裁判的机会。

这是职场中人的竞技场，公平、公正的竞技场，谁准备得充分、谁肚子里有干货，谁就表现得卓越。此刻，在这个舞台上，你尽管去发挥，有多大本事就用多大本事！这是我们每个职场人都应该抓住的展现自己的好舞台！

在这个舞台上，你不仅可以展现自己，还有机会和领导直接面对面交流，你可以把平时自己的所思所想都说出来，供领导参考或者请领导指正，这是一个向领导学习的好机会，也是让领导发现自己甚至是重视自己的好机会。聪明的职场人，都不会错过这个机会。

但，有些年轻的职场人，因为胆小怕事，生怕自己表现不好，连去露面的勇气都没有，一声不吭地坐在会议室最后面，看着别的同事和领导谈笑风生，深入交流，自己却没勇气参与进来。这多么可惜啊！毕竟领导的时间是很宝贵的，能专门抽出时间和年轻人面对面交流的机会并不多！

当伯乐在身边经过时，即便你是千里马，你不奋蹄长嘶，你不好好地展现自己，伯乐也没办法识别出你是千里马！

19

自我批评、自我检讨时，必须注意的问题

人在职场，会议多。在会上，领导难免会让你讲两句，讲讲对公司发展的建议，讲讲你们部门、你本身存在哪些问题。很多年轻朋友很实在，让提意见就使劲提了，大谈部门的弊端，或者觉得说部门太多意见不太好，于是冲着自己“开刀”了，数落了一箩筐自己存在的问题。

很多时候，你的自我批评，方式不对的话，反而会搬起石头砸自己的脚。

昨天，我公司开了一个小会，有个年轻人在进行自我批评时，对自己的批评简直到了“无所不用其极”的地步，好像把自己批评得越狠，领导就越能高看他一眼似的。

当然，他太实诚了，公司的门道，他压根没摸到。

你摸到了吗？或许你摸到了，但是你听听我摸到的门道吧，关于“自我批评”的门道。

自我批评时，要多想想。很多人在自我批评的时候，其实并不真的清楚自己有什么需要改进的地方，结果便是喜欢谈一些套话和空话，“不太成熟”便是许多人信手拈来的挡箭牌。

你刚来公司两年，有可能明年就要提拔一级，但是有个别同事觉得你不成熟，言行举止还有些不够稳重，你自己说，你能在自我批评时，这样说自己还不太成熟吗？当然不能！你这样说，就会坐实别人的看法，很多时候你并非如此，但是人际交往中的刻板印象效应会给你自动贴上“不太成熟”的标签，别人就会说：你看，他自己都说自己不成熟。

那你该怎么说？你应该认真地审视自己，不要说一些莫须有的事情，不要自己把自己往火坑里推。

比如，大家都知道你有一个毛病：吹毛求疵。凡事经过你的手时，你总喜欢刨根问底。你这种工作风格，虽然不会出现什么纰漏，但是大家不喜欢。

你在自我批评时，可以提这个缺点，但尽量不要能用贬义的词说。你可以说自己稍微有些古板，注重细节，但是不要说自己吹毛求疵，注重细节是褒义词，吹毛求疵是贬义词。可以自我批评道：做人做事太讲原则，做事太追求完美，有质量没速度，等等。

总体而言，我总结了几小条，希望各位注意。

一、不要过于积极地抢着进行自我批评

我原来说过的，不成熟的人更容易在职场犯错，没有犯错的时候就不要认错。所以，这种自我批评的事情，不要抢着说，哪怕是会议场面再沉寂，你也稳稳地坐好，不要想着在这时候发挥自己的主动性，活跃会场气氛。

二、平和地说

如果确实每个人都要做自我批评，那就平和地说一些自己确实应该改正的缺点，说个两三条就够了。别用词激烈、用词新颖，不要在这时候显现自己的修辞才华。如果把握不准怎么说，赶紧百度一下，一堆平缓的用词，供你说一年。

三、不要给自己随便贴负面标签

比如上文提到的，年轻人都喜欢说自己还不成熟，不管是否如此。很多领导或者职场老人都会自动给你贴上这个标签。很多标签，贴上去的时候很容易，稀里糊涂自己或者他人就给你贴上了，但是你想取下来，就要多花太多的功夫了。有一些人，一旦贴上了某个标签，一辈子可能都摘不下来。这会对你未来产生不利的影响，大家都会对你有一些负面印象。

你说对不对？

20

职场上，最佳的捷径是这个

很多人，总以为只有在捷径上才能寻到宝贝，认为天下之事，只有旁门左道、剑走偏锋，才能独步江湖，笑傲武林。其实真的是错了，真正厉害的招数还是要从扎马步开始，还是要吃得了苦、用得了心、流得了汗。

在一步步的职场中，我觉得踏踏实实地俯下身子来干，才是最佳的捷径。那些偷奸耍滑的职场人，会渐渐地在工作中感悟到：踏实肯干，多干苦干，对自己真的只有益处，没有坏处。

当年，我刚参加工作时，受几个领导管理，他们都给我布置工作，我基本上片刻不得闲，我真的累到了极点。

有几次，我都累得情绪失控（有读者会说：你不是有心得吗，有些工作该拒绝就拒绝呀，何至于累成这样！但是有些工作拒绝不得，比如时效性比较强的工作，压根容不得拒绝），基本上都要熬到凌晨三四点，早晨还要比别人早起床去布置会场，我有无数次想换办公室，也有无数次心中有一万头羊驼在奔腾。

尤其是横向比较一些其他办公室的年轻人，我在看材料，他们在看电视、看小说，在用手机聊天；我在写材料，他们在球场上打篮球、欢呼；我在修改材料，他们相约去爬山、去河里捉鱼；我在布置会场，他们在被窝里呼呼大睡；我在陪领导调研，他们在风扇下吹着凉风昏昏欲睡……

每天内心的活动，总结成一句：凭什么？！

骂归骂，骂完还要接着干！

后来怎么样呢？后来到了新单位，再到另一个新单位，再到另一个新单位……我才明白自己就像《旋风小子》里的林志颖，去学功夫，老和尚却只让挑水砍柴，枯燥得嘴里都要淡得不行了！后来才明白，功夫的义理都在这挑水砍柴之中了，一通百通。

我也是一样，虽然劳累，但是迅速对经手的各项工作都熟悉起来，成了典型的“万金油”！

“万金油”表现在哪里呢？我可以迅速组织一场会议，丝毫不出差错；领导的任何稿子，只要给我说个大概，我脑海中基本上能自动形成一个初稿。任何领导分管的办公室，我都知道这个月份他们该做哪些事、该开哪些会、该写什么材料。

总之，在累成狗的那一年，让我在后来的职场中受益太多太多！所以，我想告诫所有有志于职场发展的兄弟姐妹，如果只把工作当成铁饭碗，就只干自己分内的事；如果把工作当成展现自己的载体和工具，那就玩命地干，能干多少干多少，干得越多，了解得越多，内情知道得就越多。因为工作接触的人也越多，积累的经验也越多，领导对你的满意也越多，自己的成长也越快。

所以，对于年轻人来说，父母尚且硬朗，女人尚在娘家，自己一个人吃饱，全家不饿。这种单身狗的日子不用来奋斗，用来做什么呢？躲在寝室，发下呆，一个小时没有了；猫在网吧，一把DOTA，一个小时没有了；赖在床上，左右翻滚，几个小时没有了；斗地主吧，一个下午没有了；看小说吧，几天几夜没有了；如果舒舒服服懒懒散散地过下去，你们最宝贵的青春年华就没有了！

年轻人或者非年轻人，都一样！都是社会的一分子，我们都只有干得越多，接触得才越多，接收到的信息才越多，我们的触角才会越长，我们成功的概率才会越大。

21

在职场，强硬不得好死，软弱不得好活，到底该怎么办

你在公司，有没有这种感觉：办公室老同志欺负我，领导可劲儿抓我干活，这些也就算了，连下级单位的，好像也不怎么搭理我，对我爱理不理的，自己真是窝囊透了。

你是不是有时候觉得，为什么你对所有人都和和气气，忍让理解，但是他们反而都认为你好欺负？

如果是，那你无疑是一个不爱动脑子的老实人。对于大家有意或无意、过分与否的试探，你都无动于衷，不懂得拒绝。那你只能在单位干脏活、累活，付出得最多，收获得最少。

如何和领导、同事打交道，一些原则性的东西，我在后面会详细给大家讲。这里我来讲一讲如何应对下级部门或级别比你低的人，

仅供大家参考，未必全部适用。

我先举几个例子：

你很少去买菜，偶尔去一次，回来一定会被母亲责怪：为什么不挑一挑？你看，给你的全是坏的。但是如果你再买的时候，跟卖菜的说一句：别给我挑坏的！不然，我回来找你。那他大概率不会再给你拿坏的。

你买了新家具，给安装工人递烟递水，结果他们还是安装得松松垮垮，很多螺丝，你都必须自己再拧一遍。如果在安装之前，你严肃地说一句：我把烟和水都准备好了，你们随意。但是活必须得给我干好，螺丝拧紧，该找平的找平，你们弄完了，我会一个个检查，如果有问题的话，要么你们返工，要么我不给钱。那大概率他们会尽心干好活。

…………

这样的例子，数不胜数。

我只举这两个例子，你应该明白，和他们打交道，你该怎么做了吧。在笑脸相迎，秉持着与人为善的理念对待别人，但别人不买账的时候，一定要适时强硬。

其实，你们领导就是这么做的。

比如，你的主任是不是经常对你说：今天你必须得把这个拿出来，拿不出来，你去给大领导解释。

他还会跟你说：这次检查十分重要，你们必须把迎检材料弄得万无一失。如果出现问题，追责的话，先追你的责！

我建议大家也养成这个习惯。

不信，你下一次向下属公司要材料的时候，说一句：老弟，我们要的那个材料不能再拖了，刚才领导已经发火了。他说要给你们领导打电话催，我没让他打，我说你们今晚一定会把材料交给我的。今晚辛苦你们加个班。无论多晚，我都等你们。

那么，他一定不敢再怠慢你，他既觉得你会做人，又会把材料在今晚交给你。

这是一个非常好的工作习惯，请一定要记住：要有底线，学会适时强硬，而非一味妥协忍让，害怕与别人发生冲突。

22

自己不行，那就想办法努力让自己行

我在下级公司时，领导夸赞我文章写得很是不错，我表面上风平浪静，其实内心洋洋得意：写文章，放眼四海，舍我其谁啊！

浅薄！

到了上级公司，我写的第一篇信息（只是简短的信息，大文章就更别提了）是关于公司加大某项工作投入的信息，写好后，交给主任看，那个我觉得其貌不扬的主任在我短短不到一百字的“小豆腐块”上起码改动了不下二十处，他将修改后的稿子交给我后，还不忘鞭笞我：小伙子，你的文字功夫还有待提高！

在文字功夫方面自鸣得意的我，顿时感觉胸膛内那得意的小火苗被浇了个透心凉。不过，我看了主任的改动，又不得不佩服，主任并非给我下马威，他改动后文章确实要比未改动的通顺得多、得体得多！脑海中不禁生出一个画面：山外是大山、大山外还有大大山。

别着急，这才到哪啊！还有更精彩的在后头。

从此以后，我每天都在锤炼编写信息的功夫，自我感觉也日益良好。大约过了一周，有一天，主任请假了。我写的信息只能让分管我们的领导看，我费了九牛二虎之力，终于写好了一篇足以慰我平生的“小豆腐块”，交到领导手中。交给他后，我拔腿就走，心想：让您老静静地欣赏我的大作吧，拜读一会吧，等您在内心里悄悄地对我竖完大拇指后我再上来。

刚想走，领导便喊住了我，他边看边说：“你这是写的什么东西！来了一周了吧，写个信息还写得这么轻佻，怎么往上面报送！回去好好把去年和前年的信息都调出来，好好看看，好好学学。回去重新写！”

一直狼狈并不可怕，可怕的是突然的狼狈，或者是在自以为此处应该有掌声的时候被人打脸的狼狈！领导几句并不严厉的批评，像一根骨头，卡在我的嗓子眼里，我清晰地记得那天我午饭和晚饭都没吃，下班就回到小屋，迷迷糊糊地沉睡过去。真的像丢了魂一般，一夜无梦，脑子里一片空白。

第二天醒来，所有的骄傲都没了；所有的自以为是也没了。那种暗暗的心声“你们不过如此”也没了。

不仅骄傲没了，反而生出了很多自卑：我是不是能力不太够用，是不是我这个水平还不具备来上级公司工作的能力？

人的通性：被打击之前，觉得自己干啥都行，无往而不胜；受到打击之后，自卑似尘埃，觉得自己一无是处，活着都是浪费空气，死了都是浪费土地。

很多人知耻后一蹶不振，但也有很多人知耻而后勇，幸好，我的好胜心，就像我的护身符一样，每次在我深陷自卑泥淖、全盘否定自我时，总是第一个跳出来，对大脑说：你个废物，别人能行，你为什么不能行！

我怎么能是废物呢？接下来的时间里，我把所有上报上级的信息、被上级采用的信息，一一阅研，一一比对，我不仅要知道写信息的规矩，我还要研究被上级采用的信息的规律！我当年在子公司能写出让领导满意的东西，我在这里也照样能写出来！

我记得当时每天都在办公室加班看信息，每天看四五十条，认真读、认真记，认真分析这条信息和当时的大背景。

于是，不到两个月，我写的信息虽然还是会被领导修改，但是不会再被领导骂“写的什么东西”了，而且，我写的信息被上级公司采用的概率在公司里是最高的！

所以，年轻的职场中人，在遭遇挫折时，允许暂时性的失落，但不能一蹶不振，要尽快重拾信心，认真反思自己的短板到底在哪里，然后把自己的短板补上。要坚信：别人行，自己也一定行。

如果连这个狠劲都没有，那大概率也只能屈居人后了。我看过很多厉害的职场人，大多都是厉害的角色，年轻时如此，而今也一样！很多时候，需要你咬着牙、不认输地往前走！

23

围观一下这位少年老成的职场人

当年，我的领导分管一个部门，所以我经常和这个部门的人打交道。

这个部门里，有一个年轻人小刘，他给我的印象非常深。

他年纪和我相仿，但是，当年却要比我成熟得多。因为，年轻时候的我待人本着与人为善、做老实人、办老实事的原则，向来以当老实人为荣。

而他，也是老实人，只是在老实的背后，多了一份老成。

我举例说明。

有时，我会催他们部门的稿子，我和小刘都是年轻人，所以说话很随意，我觉得只是一篇稿子，你爱啥时候写完就啥时候写完，只要不耽误我的事就可以。

但有一次，他们部门的稿子迟迟没给我，我催小刘，他说已经写完了，但是在忙会议的工作，回头就给我送过来（那段时间他们部门确实非常忙，整个部门都在做攻坚性的工作，加上他们部门人少，所以忙成一锅粥，他根本没时间写）。就这样，我等了一两天，还是没送来，我又催，他又说：已写完，马上送过来，请理解，确实在忙会议。

其实我根本没太把此事放在心上，因为我确实理解他。

眼瞅着他的稿子不交过来，就要耽误我的事了。我忍不住又催他，他还是那句话：已经写完了，回头送过来。我哈哈笑："小刘，你这话重复说了几遍了，你是不是还没写啊？"

他说："真写完了，就是没时间送。"

我说："那我去拿吧，不用你送了。"

他说："哈哈，我还是给你送过去，哪能让大秘书干这种跑腿的活。"

我说："我信不过你了，我还是去拿吧。你要是没写的话，我就从去年你们报来的材料里选一些内容。"

他说："A 兄，谢谢你的理解，实话实说吧，我还真没动笔，你也知道，我们公司就这三四个人，基本上从上到下都在忙会议，所以，拜托！"

我说："你真厉害！"

各位读者，我为什么说他厉害？

小刘的做法，在年轻人里就叫老成持重：不到迫不得已的时候，无论大事还是小事，绝对不轻易交底！

我觉得职场的朋友们，只需要做到这一点，就是老成的人：不轻易交底。

大事、要事、私事、秘事，一定不交底，很多人能做到。但是，一些极其重要的事，连父母、配偶、挚友等都不能说，一个字都不能吐，你想想你做到了吗？比如你的领导让你办一件机密要事，你做到坚决不对任何人吐露半个字了吗？你的秘密你自己都藏不住，能指望他们能给你藏住吗？他们也有挚友、配偶、父母等，他们极有可能会将你的机密要事无意识地说给别人听……

然后，机密要事泄露。

我其实着重想说的是，小事也不能交底。很多人有疑问，说啥事都不说，那还能有朋友吗？我在这里做一个区分，小事不交底，是在公司里，私下和朋友，就不要这样了。因为，我反复多次说过，公司里的同事，是不用结交成朋友的。

各位，如果你悟性好，你已然明了，如果你悟性差，我写到这里，你也应该明白了这个道理，那就是：

在公司里，没必要和任何人都说自己的实情，当然，更不能胡说八道。对于一些不方便透露给闲杂人等的事情，你都可以坚决不交底，除非别人拿枪顶着你。这样一来，在最短的时间里，大家就会觉得你是一个老道且靠谱的人。

其实，老道并非是一个贬义词，对于职场中人也是一样，我们必须这样做，因为这是一种训练，训练你说话过脑子，凡事想长远。大多数的年轻人，现在还只是小兵，等你们成为管理者的时候，你就知道，说话、办事滴水不漏，是管理者的必备要素。

24

什么样的性格才是职场最需要的

很多人在职场中，不是处理不好同事关系，便是得不到领导赏识，总之，职场上很不如意。而有的人每日无风无雨也无忧地在公司度年如日，自得逍遥，且得提拔时，一准也落不下他。为什么呢？

我把大部分原因都归结到性格上。

很多人的性格确实存在一些缺陷，这种缺陷在原生家庭中肆无忌惮地展现，没人去计较，家人会觉得你还是个孩子；在学校中没人去过多计较：性格古怪，咱离他远点就是；在公司，那就不同了，大家都是成年人了，没有谁会惯着谁。

同志们，很多成熟老道的人尚且在职场中排着队等候伯乐赏识，如果你有不与职场相契合的性格特点，你的晋升，得何年呢？

虽说职场中的领导，各有各的特色，也并非是一个模子刻出来的，这给了很多人以幻想，以为什么性格的人都可以当领导。或许有这种可能，但是有着古怪性格还能当领导的可能性还是比较小的。

有人说，驰骋职场的性格特点我门儿清：成熟稳重、踏实肯干、忠诚、好人缘等。对，这些干瘪的褒义词都是能够驰骋职场之人的性格特点。可是字眼始终是字眼，它跃然于纸上，只是“刺激”到了你的眼睛，却很难改变你的行动。

那在职场，到底需要具备什么样的性格？

大多数人都看过孙红雷演的《潜伏》，电视剧里余则成的表现，在我看来，堪称所有职场中人学习的典范，我倍加推崇余则成在剧中的一举一动。在那个动荡的年代，出错动辄要人命，他尚且能稳扎稳打地平地起高楼，如果是在当今，这种人物简直是无敌于天下职场。

很多人，在职场模仿对象、学习对象上，一直踟蹰不前，碰到一个成熟稳重的，为他的稳重所折服，便效仿起来，刚模仿个样子出来，又碰到另一个口齿伶俐之人，又为他的优点所倾倒，便又转而效仿他，总之，来来回回反复切换效仿对象，到最后，邯郸学步，不仅丢失了自己，也没有培养出一个比较适合职场的性格。

不要一会儿学习这个、一会儿学习那个，即便不是刻意去学，在潜意识里趋同效仿也是不可以的。所以，所有职场人在心里都一定要有一个榜样，且这个榜样一定是唯一的。

每个人都需要找一个榜样，在职场中，你可以学习的榜样太多太多，但是你不能每个人都去学习，榜样只能有一个！我强烈建议，把余则成当作自己的职场榜样。一举一动、一言一颦都去模仿他，渐渐地，你就是余则成。

没看过此部电视剧的，推荐您花点时间看一遍，已经看过的，建议您再花点时间，仔细琢磨一下。

25

不要试图改变领导的决定

在公司，很多人怕和同事起纷争，尤其是怕和那些平时比较跋扈的人起纷争。

我年轻的时候也怕，本能地怕，毕竟从小父母也就教训我们：少给我惹麻烦！我们慢慢地都变成了温顺的羊。

但进入职场，你发现没有，你越温顺，麻烦事好像越多；偶尔一次，你没忍住，怒火冲天和别人吵了一次，麻烦事好像都远离你了？

群体性欺负老实人，就像水流注定要流到低洼处是一样的道理，只是有意欺负和无意识欺负罢了。

比如：

如果你现在是个中层干部，那我问你，是不是你在分配工作时，下意识地不敢把这硬骨头甩给办公室里那个不好惹的老同志？本能就会把这个硬骨头甩给刚来的老实的大学生？

所以我们在踏实做事的同时，也要预防所谓的职场欺生。

举例说明：

你在兢兢业业干工作，你部门的工作，你一个人干了大半部分，分工十分不合理，就因为你工作能力强，并且为人老实忠厚，主任就不断地把一些工作交给你来做。尤其是一些攻坚性、临时性地工作，他第一个就想到你。

这不，又来了一个临时性工作，虽然你每天加班到深夜他都看在眼里，但是他不为所动地还是想把这块工作再甩给你。

你在事前私下里悄悄跟主任反映了这个问题，但他置若罔闻，之后，在这个节骨眼上，你不应该再这么沉默下去，你可以说：主任，年初分工时，我负责某工作，这个业务量不能算少。今年来，一些临时攻坚的任务，我又认领了某工作，我也毫无怨言。今年临时性攻坚任务，总共有 6 个，我身上就承担了 4 个，我身上加点担子无所谓，无非多加几个班。但是我的身体确实吃不消了！我每天加班到凌晨，周末也在加班，但是，既然主任信任，我责无旁贷，得把已经接下来的活干好，但是，后面再有这种任务，我希望不能再压给我了。

这就是巧妙的找事、止损！主任已经决定的事，咱们不去改变它，但是在此郑重提醒：以后的工作，就不能全部往我这里推了！

我料想主任也不会对你有意见。

人在职场，不要试图扭转领导已经决定的事，不过对领导已经决定的但是不太合理的事也不能忍气吞声。上面我举的例子，就是最好的解决方法，用这种方法，你可以向领导表达自己的观点：这次就算了，希望下次您再做决定的时候，要充分考虑或尊重我的意见。

很多人就是因为不敢对领导的某些不合理决定表示质疑，结果，领导对他的某些工作安排越来越不合理，工作越来越多，出错也越来越多，每天手忙脚乱，疲于应付，这样，其实对个人发展、公司发展都没有任何好处的。

所以，技巧性地对领导的不合理安排提出异议，是很有必要的。

26

人在职场，会写是非常重要的本事

怎么才算是一个出色的职场人？

有人觉得是，坐下来能写，站起来能说，甩开膀子能干。

我觉得如果这三样，你都占了，那无疑你是一个出色的职场中人，即便现在还不是，假以时日，你也会成为职场中的人中龙凤。

其实，大多数人，只要做好了其中之一，就已经非常了不起了。会说、会做，在职场中很重要，但是，会写在职场中也是不可缺少的本事！

会写，主要体现在会写公文上。

不管是企事业单位，还是行政单位，公文，都是不可或缺的，对于年轻的职场人来说，公文写作能力都是一项最基本的能力。

比如，如果领导吩咐你发个会议通知，你都搞得驴唇不对马嘴，时间地点都交代不清楚，你说，换作你是领导，你会不会觉得这样的下属难当大任？

再比如，领导吩咐你上报单位某项工作的总结，你却连公文的正式格式都搞不懂，即便网上有一堆关于公文格式的规定，你却懒得翻出来对照规范，你说，你能担大任吗？

所以，职场人一定要具备基本的公文常识，这公文常识包括公文格式、公文表述、公文叙事逻辑等，这是最基本的。

这些你都掌握不好，即便你当了领导，面对公文，你也会不知所措，不知下属写的公文水平到底如何，不知下属写的公文是否切中要意，是否与领导理念保持一致。

很多年轻人吃不了坐冷板凳的苦，领导交办的写公文的差事，他随便在网上搜一搜，自己稍微改动一下，就发送给领导，算是交差了。虽然一年到头写过的公文也不少，但大多都是这样拼凑的！这种做法，其实也是对自己不负责任。

每个年轻职场人，都应该潜心研究一下公文，力争在两三年之内，让自己成为本部门不可或缺的笔杆子！这两三年，研究公文、撰写公文，或许确实非常辛苦，费尽了脑细胞，掉了不少头发，但这对你以后的发展，会有很好的辅助作用。

我刚参加工作时，在单位负责写公文，当时，我无比排斥，甚至觉得领导是看我不顺眼，才会把这么辛苦的差事交给我。但是，我还是坚持下来了。

后来的很多年里，我都非常庆幸我有公文功底。如果不是工作之初，打下了坚实基础，我以后的职场路会走得非常艰辛，我也不会有这么多好的发展机会，更不可能从低平台跳到高平台上去。

所以，年轻的职场人，请你端端正正地坐好，把冷板凳坐热，把经手的每一篇公文都写好，把每一种公文格式都牢记于心。这样，你迟早有一天也会像我一样庆幸当年这么做了！

27

你觉得他说话磨叽？人家那是滴水不漏

在公司，总有这么几个人，说话磨磨叽叽，你看了总忍不住想踹他们几脚——见过不痛快的人，没见过你这么不痛快的！

其实，公司里这些磨叽的人，大多是行事非常稳健、心思特别周密的人。

他们之所以说话磨叽，是因为他们成熟稳重。

是浅薄的你，没办法理解他的高明之处罢了。

这些人，无论说话、做事，都给自己、给他人留有余地，而不是像洒脱的你那样，想到什么便脱口而出，根本不考虑：办不了咋办？办不好咋办？中途生了意外咋办？管他呢！先脱口而出吧！

是的，有一些“磨叽”的人，是天生适合当管理者的，而你适合闯荡江湖。当然，你闯荡江湖也许只是拿双板斧、长矛冲锋的角色，而不是混江湖的高端——吴用、宋江之类。

你看管理者，无论多么刁钻的话题，他都能应付自如，无论问题多么地直指软肋，他都能够打着太极就把问题回答了，即便他回答了，你也还是不知道答案。

有读者觉得不至于吧，我就是图一时痛快，说句话，能影响我什么呢？

真能影响！

比如，你在公司，说了很多自己打脸的大话，渐渐地，整个公司的人都会觉得你不太稳重，不是一个思考事情周密的人，不是一个做事稳当的人。甚至有一些老同志会说你嘴上没毛，办事不牢。

而那些说话办事有外交官风范的年轻人，大家对他的印象是，少年老成，说话做事都比较老道。

在职场，我觉得最糟糕的帽子就是“不成熟”。你连熟都没熟，领导会提拔重用你吗？他人会服气吗？当然不会。

最美丽的帽子就是“做事老道”。这说明，你得到了大家的公认，你早已不是刚参加工作的黄口小儿。这做事老道的年轻人，咱们不得给他加加担子吗？

我年轻的时候，经常犯一个错误，就是自以为是，觉得自己很聪明。看到他人的做法和自己不一致，或者我没办法理解别人的做法时，我第一反应是他是错的，后来，打了无数次脸之后，我才意识到：这么多年来，我才最傻！

所以，现在看到他人说话、办事，稍微和常人不一致时，我总是仔细地去辨别，而不是自作聪明地觉得是他人不够醒目。

你也可以仔细地辨别一下你周围的人，我相信一定会有那么几个人，会颠覆你平时对他的认知：平时你觉得人家磨叽，其实人家是滴水不漏！

没办法，咱们都不是圣人，没办法预测哪句话一定会带来什么样的后果。所以，干脆说慢一点，顾左右而言他。不想回答的问题就磨磨叽叽地打个太极。

等一等吧。

28

你不可能突然变得机智，面对什么都能对答如流，想说场面话，你得背公式、学套路

我已经 46 岁了，每天都觉得时间不够用，浪费一秒钟，我都觉得愧对人生的宝贵光阴。老话常说三十年前睡不醒，三十年后睡不着，其实这哪里是睡不着啊，反正我是睡得着的，只是三十年后意识到了时间的宝贵，不想把时间都浪费在睡梦中，人只有这一生，要干点有意义、有意思的事。

但，这个世界上有很多东西浪费了你大量的时间，你却不自知。比如无用的书、假大空的教程，你花了不少时间来阅读、听讲，听讲完毕后，却依然十分迷茫，不知从哪里下手。

咱们都是成年人了，必须学会取舍，必须学会优中选优，不然大把大把的时间扔在没有用处的阅读上，是非常可惜的。一本书、

一个教程，你翻阅前30页，听前几章，如果觉得言之无物，全是空话，没有实操性，我建议赶紧把它们扔一边，较之你花的钱，你的时间更重要。

我们该怎么选优质的内容呢？我给大家讲讲我的看法，比如，你想提高你的水平，想提升一下自己的口才，想学会说点场面话。

你买了一本书，书的名字是《教你说XX话》，你读了一半，发现书中一直教你要机智一点，要灵活一点，要有眼力见！

那这本书，我奉劝你赶紧扔掉，因为这就是假大空的读物，这种书在宣讲理论时，没办法改变你的观点，让你从心底认同它的理论。书中针对问题提的建议和方法，也都是假大空，比如机智点、灵活点等。怎么机智点？怎么才能灵活呢？它说不出所以然。

这是典型的无效阅读！除了耗费你的时间，没有任何用处。客观来说，如果你们足够机智，别人说什么话，你都能对答如流，你还用得着买这种书来提升口才吗？

我不会给各位讲这些假大空的建议，讲这些没用。你们大多都是二十五六岁的人，甚至是三四十岁的人了，早就定型了，你本就是个木讷的人，怎么可能突然变得机智灵活呢？但是迫于职场生存压力，还必须做出改变，比如，学会一些场面话，怎么办？

最快、最有效的方法就是背公式、学套路。

我的口才不好，在常人中属于中等偏下的水平。单位同事对我的普遍评价是好相处，有亲和力。其实我是心里明白，但口头表达不好的人。只要你和我一样，是一个心里明白的人，背几个场面话的公式，学几个有用的沟通套路，在公司行走，就没有任何问题了。

这些公式和套路其实也非常简单，我只举一个例子。

你千里迢迢去陕西参加好友的婚礼，好友觉得你大老远来一趟不容易，执意让你上台讲两句，你一下子就慌神了，虽然你已经参加工作有七八年了，但是在聚光灯下，在大家的注视下，你还是慌神了，要么一直摆手说我不去我不去，要么硬着头皮上台后啰里啰唆地讲了几句不知所云的话，下台后都想打自己两巴掌，讲的什么？既没轻重、也没逻辑。你觉得非常气馁。

千万别气馁，我刚才举的那个例子，其实是我亲身经历的，当年我在机关单位干了快十个年头了，好友结婚，让我上台讲两句，我脸憋得通红，胡乱讲了几句话：“祝你们新婚快乐。嗯，嗯，嗯，来年早生贵子吧。嗯，嗯，嗯，希望我们的友谊长存。嗯，嗯，就讲这些吧……”

说得狗屁不通。并且讲完一句话后，“嗯嗯嗯”个不停。

而今，如果突然临时性地让我讲两句，我也不会再出现当年的情况了。一提到临时发言，我会条件性反射地想到：感、回、祝。

感是感谢的感，回是回顾的回，祝是祝福的祝。

只要你也记住这三个字或者这三个词，所有的临时性演讲，你都不会出丑了，按照这个套路讲出来，别人听起来就会觉得：你真会说话！

比如在婚礼上被揪出来讲两句，你可以这样说：“感谢老同学给我这个机会说两句，我和新郎官是大学同学，大学四年，同吃、同睡、同学习，我们的友谊非常深厚。今天老同学要结婚了，我非常高兴，我祝福你们新婚快乐！早生贵子！”

这样发言，是不是紧扣那三个词：感谢、回顾、祝福。

所有临时性发言，都可以用这个套路，所以，你要死死记住这三个词。

我再举一个例子，单位新来了一把手，他要来你们处室调研，一把手讲完话后，让大家都讲两句，大家都面面相觑，没人第一个发言，一把手突然指着你说：你先来吧。

如果没有事先准备，大部分人都会懵了。讲什么呢？不要懵，想想那三个词：感谢、回顾、祝福。

你可以顺嘴这么说："感谢领导给我这个发言的机会，对于我来说也是一个学习的机会。这一年里，我们处在处长的带领下，在局领导的指引下，各项工作都有条不紊地开展，我这边主要是负责某某工作和某某工作，也取得了某某成绩。我是单位这台大机器上的一颗螺丝钉，我向领导保证在新的一年里，力争让我负责的工作更上一个台阶。在这里，我也祝福领导您工作顺利，身体健康，我也坚信我们单位在您的带领下，一定会有更加长远的发展，取得更加夺目的成绩！"

这样发言，是不是也紧扣了感谢、回顾、祝福这三个词？

当然，这种临时性发言，根据不同场合、不同语境，会有其他的套路和公式，但是，我只给大家这一个公式，因为多则惑，少则明，东西多了，你就记不住了，公式也是一样的。

所以临时性发言记住这么一个公式就够了。

29

对现实人际关系、工作环境不满意就辞职、跳槽的，都是瞎折腾

前些天，我的大侄子跟我说：“以前因为不懂事得罪了单位一把手，从此以后在单位过得非常不顺心。我拖了一年，终于想通了，我辞职总可以吧！但是他就是迟迟不给我签字，不让我走，我怎么办呢？我要一直在这样的工作环境中过得不痛快不开心吗？”

我先帮大家分析大侄子的一些错误认识。

首先，你得罪了一把手，一把手也不会把你这么样，更不会天天想尽办法给你穿小鞋。一把手很忙的，他有众多的事务要处理，有众多的关系要维护，他哪来那么多闲工夫一直盯着你？说句不好听的，你压根没到那个份上。所以，你说一把手一直盯着你，

给你穿小鞋，多半是你自己过度敏感了。

其次，即便你确实得罪他了，后期也是可以弥补的。我一直认为在工作中结下的梁子，都可以在私下里稍微把尊严、面子丢一丢，去拜访下领导，坦诚相待，诚恳地聊一聊，多半都能化解开。可是他不去，任由这种不良状态持续下去。

再者，你都想辞职了，他还能把你怎么样？不给你签字？你好好了解下辞职的流程了吗？辞职的主动权在你手里，任何人没有权力干涉你。如果他以各种理由继续刁难你，或者一直拖着不给你签字，你甚至可以用法律来维护你的权利。

最后，即便你再懦弱，辞职也没辞成，你也不会一辈子就完了。流水的领导，铁打的兵，他顶多在这个单位干四五年就会调走了，走都走了，他还有能力继续对你产生影响吗？

小说《大清相国》最后说了几个字：“稳、准、狠、等”。这个“等”字，是很有意思的。一些情况，如果你确实用尽办法也改变不了，无论做什么都依然于事无补，那你就只能等了，等着外部的因素稍微变动，显露出新的契机，你再行动。总之，只要你保持耐心，就绝对能等到转机。

我这个侄子，就因为自己觉得领导常年给他穿小鞋（也不知道是不是真的有这回事），冲动之下，提出辞职。辞职后做什么？有什么方向？有什么优势？即便真要辞职，为了以后发展，提前要做哪些准备？这些他通通都没有考虑。父母是否支持？老婆是否同意？朋友会怎么想？也统统不在乎。理由只有一个：这种破领导，老子受不了了。

辞职辞得多鲁莽，到时候就会后悔得多彻底！

我并不是不让侄子辞职，辞职之前，你得想好以后干啥啊！就因为在单位受了点窝囊气，受不了这个工作环境，就要把十几年奋斗的基业全部扔掉，重新开始。

你想过没？你在单位，就算你再觉得过得窝囊，每天睁开眼，最起码不会为一口饭发愁。你可知，社会上很多人每天睁开眼就要为生计忧愁。生病？休息？怎么能呢！生病一天或者休息一天，那这一天就赚不到钱，就没钱吃饭。

千万别让自己成为鲁莽的糊涂蛋。辞职是可以的，但最好是辞掉低平台工作，去往高平台；辞掉低薪工作，去干高薪工作；辞掉没前途的工作，去干光明的事业。

很多喜欢意气用事的糊涂蛋，平时看着非常精明，但是人到中年却非常落魄，原因就是在人生的一些关键节点上，该谨慎的时候他却不谨慎了。比如跳槽，如此重要的事，起码要让自己反复思考至少半年以上的大事情，他却心血来潮说辞就辞了，从一个单位人，变成一个无业人员。

如果是天纵英才倒也还好，还可以让自己过得殷实，但是绝大多数人都不是英才，加上在同一个环境中待的时间长了，思维没那么灵活，导致自己做什么都放不开，也都做不好。所以后果可想而知。

所以，在我看来，大多数人的辞职都是瞎折腾，没几个是越折腾越好的。

我也希望我的读者，不要贸然辞职。

如果确实觉得不辞职实在过不下去了，你可以先请一个长病假，自己去悄悄感受一下，比如几个月，或者半年，再来做最后的决定。

30

凡事多走一步，世界将会变得不同

有一些人，情商在线，看那些情商不在线的人，内心嘀咕道：这世界上，还有这样的人？

是啊，这个世界上，本就是什么等级的人都有，大部分人都固守在自己能力档次所对应的等级或者阶层里。

不过，高情商的也不必看不起那些低情商的，因为，大多数的人们都是一般水平，不用五十步笑百步。

以上为引子。

我想和大家分享一个方法，如果能把它固化成你的习惯，那么这个习惯将会帮助你在人生路上有好的收获。

这个方法就是——永远比别人多走一步。

有好友携家人来你家吃饭，酒足饭饱后要离开了，很多人都是只送到门口便“沙扬娜拉”了，有时或许想多送一下，起码送到电梯门吧，但随着客人说不用不用，再加上自己为了准备饭菜，忙活了一天，确实也懒得再多走一步了，于是，就送到门口了。

但有的人却不这样想，他想的是，我为了准备这场家宴，都辛苦一天了，为什么不多送两步，让这场家宴更加圆满呢，让客人更加觉得咱们十分尊重他呢？

于是，他送客人出家门口后，又顺着电梯把客人送到车库，客人刚想说再见，但他打开车门就上车了说：车库里很乱，我送你出车库。送出车库后，他才下车，挥手再见。客人的老婆在路上一直夸赞他：这个人礼数真周全！

单单是礼数周全吗？我觉得不是。

从这个例子中，你知道我想表达的意思了吗？就是，如果你做一件事，一定要比别人多添一把柴，多说几句好话，多走几步路，多花一点心思。毕竟，一百步都走了，再多走一步，也没什么的。然而，人生的机遇，很多都在多走的这一步中。

你在一个团队中负责其中的一部分工作，你兢兢业业地完成了自己的分内工作，就安心下班走人了。但你完全可以主动一点，与和自己工作内容有交集的同事多沟通协作，完善自己的工作，配合团队的进度，或者是提前一步将自己的分内工作做好，留出充足的时间应急或者是完善工作，将手上的工作都完成得超出其他人的预期。

我讲到这里，估计你已经完全明白我想表达的意思了。

从明白，到实践，还有一段路。

不过，只要你勇敢地去做，总好过一百个明白却不做。

长此以往，你的世界一定会发生巨大的变化。在以后的为人处世上，不妨尽量比别人都多走一步。

31

职场人，必须掌握饭局上的应对技巧

人在职场，参加饭局是不可避免的事情。首先，人总要是吃饭的；其次，人都喜欢聚在一起吃饭，热热闹闹地总比冷冷清清的要好；再者，大家都喜欢在饭桌上谈事情。因此，每个职场人或多或少地都要去参加饭局。

所以，快快记住以下的饭局礼仪和规矩吧。

一、首先，请人帮忙的饭局，不要请太多人参加饭局。最好是只有帮你办事的人、中间人和你，三个人最好了。毕竟是求人之事，如果想让他实话实说，最好不要有外人在。

二、不同的饭局，应该有不同的表现，但是不要死命劝酒，尤其不能劝领导酒，更不能劝女士酒。但是如果为了调节气氛，劝领导酒只需要劝一次，比如：“领导，今天难得聚在一起，要不您喝一杯助助兴，不说无酒不欢，但是无酒不成席啊。少喝一点就好。”

如果领导说不喝，那就别再继续劝。要么，这些话都不要说，直接对领导说：“领导我给您端一杯茶来，以茶代酒吧！”大家也都能理解。如果领导今天不想喝，你说的这句话，基本上是替他解围。如果领导今天想喝一点，他自然会说：“大家都喝酒，我怎么好意思喝茶呢？都喝酒！”这样又显得领导有亲和力！

三、很多人敬酒，却连最起码敬酒的规矩都不懂。敬酒，最起码的规矩就是双手扶杯，碰杯时，杯子低过领导的杯子，头微微下点，这样才是尊重地敬酒。很多人都是单手拿杯去敬酒，又不是朋友间的推杯换盏，规矩还是要遵守的！单手扶杯，倒也罢了。最不懂事的就是自己的杯子高过领导的杯子。我每次看到这样的年轻人，我都会皱眉头暗想：长这么大，难道真的就没人给他讲过这个礼仪吗？

四、但是又有一些做过头的。敬领导酒的时候，很多人既点头哈腰，又不停赔笑，头几乎点到胸膛上去了，腰杆也弯得像没有脊梁骨似的，一副谄媚之相。这是做过头了，没必要这样。领导看到你这副样子，也料定你是个摇摆媚俗之人，难堪大用。

最好的做法就是不卑不亢地遵守敬酒规矩去敬酒，头略微点一下就好了，然后吐字清晰地把祝酒词说出来。当然，这里我是说年轻人敬领导酒应该有的态度，越是敬位高的领导越要记住一点：一定要不卑不亢！大领导都是带着发现人才的眼光去看待每一个年轻人的，年轻人媚态太重，在领导眼中，是长不成大树的。

五、请领导吃饭，先发短信，发完短信后再打电话。不要只发短信，也不要直接打电话。发短信，一定也要写明时间、地点和人物。

六、和领导一起吃饭，不要妄自菲薄，觉得插不上嘴就是自己笨，领导们谈话，没事少插嘴，点头微笑就是了，做好本职工作，端茶、倒水、帮转桌盘（转桌盘时一定要确保领导没在夹菜，转时看到领导想夹菜立即停）、开酒、分酒、结账等。领导不喜欢多嘴的人，尤其是在酒桌上多嘴的人，千万不要因为喝了几杯酒，看到领导放开了，你也跟着放开。当然言语和肢体上可以适应气氛而放开，但是思想上的弦，一定不能松开。

时刻谨记：我只是个职场的小兵，我在酒桌上的存在是为了服务在场的人（这些酒桌上的详细规则，在网上随便一搜，都有很多，有心人，可以详细了解一下）。

七、记住一点：如果觉得自己喝得差不多了，一定要停下来，不能再继续喝，尤其是大领导在场的时候。因为醉酒后，依旧能保持好风度的，太少太少。大多醉酒者，不是疯就是狂，如果领导没醉，很容易对醉酒者产生反感。

八、很多饭局，是别人对你发出邀约的饭局，不要一喊就去，也不要喊很多次也不去，根据具体情况具体分析。总体说来，一喊就去，确实浪费时间和精力；别人喊了很多次你依旧不去，又太伤人面子，如果对方心眼小，或许还会对你颇有微词。

九、很多人问我，怎么给领导挡酒？真打算挡酒的同志，首先自己要掂量好自己的酒量。因为一般的情况下，我们都比领导要喝得多，而你觉得领导可能需要你来救驾，又接着去帮领导挡酒，不是海量的话，一般人没办法做到。

帮领导挡酒，要注意两点，一是如果和领导不熟，挡酒之前要问下领导是否需要，千万不要领导正在兴头上，今天高兴，就是想喝，你却一杯一杯地帮领导挡下来；二是，千万不能硬挡，不要别人一来敬领导酒，你在旁边直接挡回去说：领导不能再喝了。

挡酒要具体情况具体分析，比如领导实在是疲倦不堪，身体不适，但是又实在找不出退出饭局的理由，你就可以不唐突地站在领导左右，但凡有人来敬酒，你向来人做一个解释："领导今天喝了不少，都少喝一点吧，领导意思一下，你干了。"一般人，直接就干完走人。如果碰到不依不饶的，需要打个嘴仗的，那就需要你上了，你要说："其实酒，就是那么一个意思，领导意思一下，我帮领导把余下的补上，真的不是我逞能，主要是领导明天有会，而我今天又觉得没喝高兴。"

十、饭局的套路尽量要掌握一些，有时候这些喝酒吃饭的套路，也是一种礼仪。这里，不做普及，因为每个地方的规矩都不一样，自己参加几次自然就清楚了。

十一、领导让你订饭店时，一定要问清楚吃什么餐，喝什么酒，有没有什么忌讳。多问两句，哪怕领导觉得烦，你也要问清楚，这样才能做到有备无患。要尽可能地想全面，越是重要的饭局，越是要想得全面。

十二、有的人天生木讷憨笨、沉默寡言，动不动就脸红。误打误撞进入到某个职场内，觉得自己好像并不适合走这条道路，起码性格上不适合。在饭局上你可以当一个很好的听众，当一个时刻为别人鼓掌的人，坚持下来，你会发现，木讷而又善于聆听、不吝啬赞美而又不抢他人风头的人真的是最受大家欢迎的，包括领导！

每个职场人，对自己的性格不要妄自菲薄，觉得自己不适合在职场打拼，其实不是这样！如果你仔细观察大领导，你会发现他们的性格也是千奇百怪的。我见过一个副部级领导，说话也会结巴，越紧张越结巴，结巴到说不出话的时候，就脸红！我见过一个董事长，说话声音尖细，刺耳，让听的人难受。我还见过一个大领导，他说话水平也不怎么样，每句话都要加一个“是吧”，即便是在向领导汇报工作，也免不了这样：感谢领导对我们的关怀，是吧。下面由我向领导汇报全县工业发展情况，是吧……总之，职场中，没有绝对的事情，请务必保持自信！

十三、一定要事先准备好两种酒：红酒和白酒。不管喝不喝，最好都准备好。现在领导都注意养生，万一领导不喝白的不喝啤的，说喝点红的吧，而你没准备就不好了。与领导吃饭，最好问下他的司机他在饮食上的禁忌，让领导知道你是备课了的。点菜的时候一定要让领导点。

十四、再来说说点菜的学问：如果领导把点菜的权力交给你，你一定要注意一桌菜一定要有荤有素、有冷有热，如果男人多，就多点点荤菜；如果女人多，就适当多点一些清淡的。点菜的时候不要问服务员价格。另外，如果有凉菜，尽量让服务员在客人来到之前将凉菜端上餐桌。其他的可以等大家落座后再缓缓上来。

十五、我十分不赞同假喝酒，任何在酒桌上偷奸耍滑、连泼带倒往外洒酒的做法，都是不真诚的行为，被人识破，铁定很难堪。所以，别假喝酒，被人发现一次，别人会在任何酒桌上数落你一辈子。真的！能喝就喝，实在不能喝，即便装醉都比假喝酒要好得多！并且，任何场合下我都不建议假喝酒，即便是自己的兄弟朋友，也永远不要给任何人留下不可靠、作假的印象！

关于喝酒，我有几点体会：首先不要喝混酒，喝混酒，一是醉得很快，二是醒酒很慢，如果混酒喝多了，难受的时间会更长。实在不能喝的，或者实在不喜欢喝酒的，中途可以溜出去躲酒，这个时候，大家根本不会注意你是否溜走。喝酒的时候尽量多喝水，水喝得越多，第二天醒酒的状态就越好。如果喝白酒，我建议喝酒的时候多吃西瓜，西瓜利尿，一般人去几次厕所，顺便也能把酒精排出来了。再就是，在酒桌上一定得低调，别人夸你能喝的时候，一定要回绝，千万不能接这顶高帽子。喝酒的时候要韬光养晦，不然，大家肯定会把矛头对准你。喝酒之前半小时喝一杯奶，能很好地缓解酒精对肝脏和胃的损伤。

十六、请人吃饭，能亲自去接，最能表现诚意，当然是开车去接，而不是用公交车。

在酒桌上，记住一点：为他人作嫁衣！让别人多说，你多听，既能让你多听长见识，又让他人的倾诉欲得到满足，渐渐地你还能得到一个好人缘！

32

职场人应掌握这些最基本的礼仪

已是职场人，就必须掌握一些职场的基本礼仪，不然，会给人冒冒失失的感觉，我参考了一些礼仪手册，整理了以下礼仪，大家可以仔细阅读一遍，把这些礼仪牢记于心，免得以后“失礼”。

一、问候礼仪

在正式会面时，宾主之间的问候，在具体的次序上是有一定讲究的。

1. 一个人问候另一个人。此时通常应为“位低者先行”，即双方之间身份较低者首先问候身份较高者，才是适当的。

2. 一个人问候多人。此时既可以笼统地加以问候，也可以逐个加以问候。当一个人逐一问候许多人时，既可以由“尊”而“卑”、由长而幼地依次而行，也可以由近而远地依次而行。

二、介绍礼仪

自我介绍要态度谦虚，镇定而充满自信，不能自我吹嘘。如果你听他人介绍时，要视情况作出积极回应，言行举止亲切有礼。如果你是被他人介绍时，除了你是女士和年长者外，一般都应起立，相距近者可握手，远者可举手致意。如果你介绍他人时，手势动作应文雅大方，手心朝上、手臂朝下、四指并拢，指向被介绍的一方，并向另一方点头微笑。具体如下。

（一）介绍自己

内容要真实——介绍自己时所具体表述的各项内容，首先应当实事求是，真实无欺。

时间要简短——在介绍自己时，理当有意识地抓住重点，言简意赅，努力节省时间。一般而言，介绍自己所用的时间以半分钟左右为佳。若无特殊原因，不宜超过一分钟。

形式要标准——应酬型的自我介绍由本人的公司、部门、职务、姓名等几项内容构成。

（二）介绍他人

最重要的是被介绍的双方的先后顺序。一般“尊者居后”，即为他人做介绍时，先要具体分析一下被介绍双方身份的高低，应首先介绍身份低者，然后介绍身份高者。

例如：

介绍女士与男士相识时，应当先介绍男士，后介绍女士。

介绍长辈与晚辈相识时，应当先介绍晚辈，后介绍长辈。

介绍外人与家人相识时，应当先介绍家人，后介绍外人。

介绍客人与主人相识时，应当先介绍主人，后介绍客人。

介绍领导与下级相识时，应当先介绍下级，后介绍领导。

（三）介绍集体

介绍集体时，被介绍双方的先后顺序依旧至关重要。具体来说，介绍集体又可分为两种基本形式。

单向式——当被介绍的双方一方为一个人，另一方为多人集体时，往往可以只把个人介绍给集体，而不必再向个人介绍集体。

双向式——所谓双向式，是指被介绍的双方皆为多人集体。在具体进行介绍时，双方的全体人员均应被正式介绍。常规做法是，由主方负责人首先出面，自高而低依次对其集体进行介绍。接下来，再由客方负责人出面，以同样顺序依次进行介绍。

（四）彼此打招呼

在平时工作中，彼此之间的称呼要庄重、正式、规范。职务称呼一般较为常见，主要用姓名加职务的方式称呼对方，以示敬意有加。但是千万不要称呼人家“哥哥姐姐”“弟弟妹妹”。

同事之间也可以直接称呼姓名，作为平时打招呼、示意问好的方式。

公务活动中的致意，就是主动问候，以示关心。公共场合远距离遇到相识的人，一般不作声，可抬起右臂，举手致意。

不宜交谈的场合，可与人点头致意。微笑致意则用于不相识者初次见面，或在同一场合反复遇到老朋友时。

致意是一种无声问候，因此距离不能太远，以 3 至 20 米为宜，不能在对方的侧面或背面。

三、交谈礼仪

（一）眼神

与人交谈，目光应和善、友好，不时注视对方的眼睛。听者的情绪也会从眼神中透露出来：眼神专注、嘴角略带微笑、不时点头，表示赞同、理解，而目光游移，则是对谈话不感兴趣。

（二）举止

举止文雅、得体、大方。

交谈时距离合适，注意口腔卫生。

为了强调某论点，可适当运用手势，但动作不宜过大，不可手舞足蹈。

谈话现场超过三人时，不要只与其中一两个人说话，要与多人互动，不冷落任何人。

大庭广众之下，避免两人频频耳语。

别人正在交谈时，切忌自己与人嘻嘻哈哈、拉拉扯扯、勾肩搭背。

（三）语音、语速

交谈时须注意语音、语速、语调。发音不准，读错音、念错字、口齿不清则妨碍交谈；有些人说话太快，像连珠炮，听者高度紧张，不利于交谈；语速太慢，容易造成气氛沉闷，会让人失去耐心。交谈时忌尖叫、旁若无人纵情大笑，以及喋喋不休、车轱辘话啰唆个没完。

（四）照顾场面

讲话人应随时注意听者的表情、姿态，是否对谈话内容感兴趣，必要时须做出调整。遇有听者提出不同看法，应持鼓励态度。多人交谈，当个人意见被否定时，不要小家子气，满脸不高兴，应以求同存异的心态，让时间去证明。

老讲“我”，自我炫耀、自吹自擂，会令人生厌；咬文嚼字、满嘴专业术语，有卖弄之嫌；在不懂外语的人面前，不时夹杂外语词汇是显摆；遇到老乡，过多讲地方话，会让在场的其他人感到无所适从。

四、电话接待礼仪

电话铃一响，拿起电话首先自报家门，然后再询问对方来电的意图等。

电话交流要认真理解对方意图，并对对方的谈话做必要的重复和附和，以示对对方的积极反馈。

应备有电话记录本，重要的电话应做记录。

电话内容讲完，应等对方结束谈话再以“再见”为结束语。对方放下话筒之后，自己再轻轻放下，以示对对方的尊敬。

五、握手礼仪

一定要用右手跟人握手，不要面无表情或过分客套。

遇到若干人在一起时，握手致意的顺序是：先贵宾、老人，后同事、晚辈，先女后男。

不要几个人竞相交叉握手，或在跨门槛甚至隔着门槛时握手，这些做法都是失礼的行为。握手时要掌握力度、注意分寸，不要把对方的手拉过来推过去，或者上下左右抖个不停。

伸手顺序：一般情况下，讲究的是“尊者居前”，即通常应由握手双方之中的身份较高者首先伸出手来。

具体而言：

女士同男士握手时，应由女士首先伸手。

长辈同晚辈握手时，应由长辈首先伸手

领导同下级握手时，应由领导首先伸手。

宾主之间的握手则较为特殊。正确的做法是：客人抵达时，应由主人首先伸手，以示欢迎之意；客人告辞时，则应由客人首先伸手，以示主人可就此留步

握手禁忌：

戴手套与人握手。握手前务必要脱下手套。女士在社交场合戴着薄纱手套与人握手除外。

戴墨镜与人握手。在握手时一定要提前摘下墨镜。

用双手与人握手。用双手与人相握，只有在熟人之间才适用。与初识之人握手，尤其当对方是一位异性时，两手紧握对方的一只手，是不妥当的。

六、着装礼仪

穿着要符合身份，礼仪的基本要求是整洁、规范、端庄、得体、素色。

（一）男士重要公务场合应着正装

一套完整的西装包括上衣、西裤、长袖衬衫、领带、皮带、袜子和皮鞋。

越是隆重的场合，服装颜色越深。鲜艳的条纹、格子等图案的衣服更适合在非上班期间穿着。

上衣：应挺括、合身。西装须拆除袖口的商标后才穿着。西装上衣的外口袋只是装饰性的，一般不装东西。站立时应将西装的纽扣扣好。双排纽扣的要全部扣好；单排纽扣的如三粒纽扣的以扣中间一粒或上面两粒为宜，两粒纽扣的扣上面一粒，单粒纽扣的一定要扣好。西装上衣里面最好不穿毛衣或毛背心，以更好体现西装的层次感。

长裤：裤线应清晰笔直，裤脚前面盖住鞋面中央，后至鞋跟中央。

长袖衬衫：是搭配西装的唯一选择，颜色一般以白色或淡蓝色为宜。衫袖子的长度与领子的高度都应比西装上衣的袖子稍长、领子稍高，这样的衬衫才是与西装最般配的。

男士西装领带（领结）：西装的灵魂，在西装的穿着中起着画龙点睛的作用。领带图案一般以几何图案或纯色为宜；领结要饱满，与衬衫领口吻合要紧；长度以垂到皮带扣处为准。皮带以牛皮材质为宜，皮带扣应大小适中，样式和图案不宜太夸张。

袜子：颜色在服装与鞋子之间起过渡作用，切忌黑皮鞋配白色或浅色袜子，袜口以坐下时不露皮肤为宜。

皮鞋：式样应简单规整，光亮的皮鞋会给人留下良好的整体感。

压花、拼色、蛇皮、鳄鱼皮和异形皮鞋不适于搭配正式西装。

如穿着中山装时，纽扣要全部扣好，还要扣好领子上的风纪扣。

（二）女士正式场合首选西服套裙

女士的标准职业着装，可塑造出大方、干练、优雅的良好形象。

上班适宜选择“流行中的保守”“保守中的流行”的服装，而不宜穿着太标新立异的服装。在正式场合，女士的穿着忌短、忌露、忌透。

西服套裙上装：如果是单排扣的，扣子可扣可不扣，双排扣的则应全部扣上（包括内侧的纽扣）。

套裙：穿单色的套裙能使身材显得修长一些，裙子一般以窄筒裙为主。

衬衫：搭配以单色为最佳之选。也可以是多种颜色，但要与套装相匹配。白色、黄白色和米色与大多数套装都能搭配。衬衫一定要保持清洁、平整。

袜子：西服套裙一般配长筒丝袜或连裤袜，颜色以肉色、黑色最为适宜。

鞋子：宜选择高跟鞋或中跟鞋，款式以简单为主，颜色应与西装套裙相搭配。正式场合不宜穿凉鞋和拖鞋。

33

这 10 条职场人都该遵从的规矩

一、每天上班，要把自己收拾干净，穿着整洁，不留指甲，尤其是男同志，更不要留长指甲。每天洗头，给人一个精神的印象。尤其是头发要干净，千万不要“临风飘香屑”。打扮可以稍时尚，但不要大图案，尽量穿成熟一些，不要装扮成小可爱。

二、抽时间把公司的工作手册认真地看一遍，知道自己该做什么，不该做什么。免得以后被别有用心的人忽悠过来忽悠过去的。

三、年轻人，如果家中没有特别重要的事，尽量早一点来，晚一点走，平日里八个小时，谁高谁低、谁敬业谁懒散，领导看不出来。但是如果你坚持在八小时之外找机会，一天不行两天，一个月不行两个月，一年不行两年，领导一准会发现一个敬业的你！

四、年轻人初进职场，待人接物说话做事，要把握好一个度，既不要用力过猛，过度表现，处处都有你，哪哪就你能，也不要羞羞答答小家子气，或懒惰，或娇气，都不好。大大方方说话，面带微笑就够了。

五、记住，时刻要有正气，但是不要让你的正气对别人产生一种压迫感，只要求我们把正气放在心间，能帮人则帮人，能度人则度人。

六、别人说话的时候，一定多倾听，少插话。这点很重要，尤其是领导说话，一定不要急着表现自己。即便你确有真知灼见，也不要急于一时。单位里，沉稳大气，是对一个人很高的评价。所以，就这点来说，学会倾听，乐于倾听且真诚倾听，也是一件了不起的本事。

七、工作压力大，累，也不要牢骚满腹。真的，我想过这个问题，发完牢骚了，活还是得干，牢骚只会让自己心理更不平衡。所以，在公司，一句抱怨的话都不要说，除非你有其他的用意。

八、一般评价年轻人优秀与否，首要的标准是靠谱。这个怎么说呢，大致就是说你有没有干工作的积极性，能不能主动去推动工作，愿不愿意吃苦去解决难题，肯不肯花脑力去把问题琢磨透，待人接物不讨人嫌，比较精通自己负责的业务流程，懂得工作中基本的规矩，就算是靠谱了。实话实说，现在的年轻人，都太过聪明、太会取巧了。

九、找到公司电话本，尽可能录入手机里。大部分人的手机号都关联着微信，顺便把同事的微信也加上。点赞之交好过没有交集。

花点时间把每个部门走一遍，熟悉一下其他部门的同事，搞清楚大家在哪办公。

十、有事要讲或者有工作需要汇报时，是面谈，还是打电话、发短信，里边也有讲究。有些事需要当面谈，就别打电话。有些事需要给对方一点时间考虑或缓冲，最好就发短信。不要动不动为了缓解尴尬就给领导发短信，领导很忙的！

34

看完前面 10 条规矩，还有这 12 条

一、在公司，走路要注意姿态，端庄大方，不疾不徐，我建议尽量走得慢一点。我很清楚地知道，不少领导通过观察走路的姿态品评人物。我反复听过类似这样的话：某某某，看他走路那个样子，急急忙忙的，不知道要赶着干什么，一看就不是个踏实做事的。

二、和人家碰杯时，杯沿要低于人家的杯沿；敬酒时，一定要双手举杯；茶壶口不要冲着人；服务员给你续水，说声谢谢。这四点都是最基本的礼仪，但是我发现很多职场人都不懂。

三、公司里边有一种人，帮不了你什么事儿，但能够坏事，千万别得罪。你自己看看周围谁是这样的人，把他圈出来，记住这个人，尽量不要得罪他，对他要敬而远之。

四、如果在人事和办公室干过，一般就能够了解整个公司的运

行。业务处室是否重要，不是以忙不忙为标准来判断的，而是以它和本部门的核心任务的关系来判断的。当然，任何岗位都能够锻炼人，但早年间在一些重要工作岗位干过，对你的大局观、方法论和看问题的高度很有帮助。

五、没有人会讨厌有上进心的人，但大家都不喜欢太有心机、有企图的人。所以，在公司，不要耍小聪明，也不要自己觉得比其他人都聪明。

六、一定要注意说话的技巧，说什么都不能把话说死了，得有回转的余地。凡事留一线，日后好相见。在公司不要动不动就把什么一分为二地看这面试套路讲出来，可以有一分为二的辩证思维，但是不要动不动就这样讲，太世故的套话，让人觉得厌烦。

七、有时候，人在职场，需要职场朋友帮助，你觉得谁会是职场帮助你的人呢？其实靠得住的，往往不是那些你帮过的人，而是帮过你的人。

八、老同事让帮忙，弄电脑手机什么的，虽然麻烦，尽量帮一下，别显得不耐烦。话还说得好听点，别说这个简单什么的，就说："我试试看行不。"

九、请示领导工作或签文件，宁愿自己多为难点，也要把问题搞清楚，方案意见尽量完善，他能画圈作决策就 ok，这样最好。不要想着把问题丢给领导，你让他为难，他也就会为难你。

十、有时间多看点书，看原著，看大部头。看这些书的时间段里，你能明显感觉到思维达到了更深的程度。

十一、不要在公司走廊里长时间通电话，尤其是该楼层有领导的办公室的时候，尽量不要发出声音。当然，外人在走廊里这样做时，你也可以好意去提醒，这是对领导负责的人应该做的。

十二、人在职场里有各种小圈子，也就是非正式组织，如老乡会、校友会等，酌情考虑是否加入。一般情况下，意义不大，吃吃喝喝，玩玩乐乐。

35

想做成事，领导很重要

有时我环视一下四周朋友，有一些能力很强的朋友，却不见得有一个非常好的现状，起码在我看来，他应该比我在更高的位置和平台上，但是没有。

而一些各方面能力并不怎么样的同事或朋友，我打心眼里，是看不上，但是他们却比我走得更远，飞得更高。

我认真地思考这其中的原因，最大的原因我归于他的领导很重要。

有的人很幸运，一参加工作就遇到非常不错的领导，不管从学识还是从人品、还是在人生经验上，他都可以做自己的导师，那这个年轻人的进步速度就非常快。

但是有人却背运，明明是好苗子，就是遇不到好的领导。不仅业务上得不到指导，在人生的关键时期，也没人能设身处地的来为他出个主意，涉世未深的年轻人，就很容易在关键节点走错路。

平时走错一步，没关系，但关键节点，走错一步，步步错！

我年轻的时候，跟着两个领导做过秘书，所以我的机缘比很多人都要好，毕竟是近距离在领导身边，可以近距离观察、学习领导的工作技巧、处世要领等等，有时自己对一些事不明白了，还可以随时请教领导。

不过放眼看去，公司的同事那么多，而领导却只有那么几个，那么怎么才能让领导垂青自己呢？

不仅平时要踏实地干工作，这只是一个基础，毕竟大家都在认真干工作。如果想得到领导的指点，你必须再想一些其他的办法，动一下脑子！

对，要动脑子，那些不爱动脑子的，只会被大浪淘沙淘掉。很多人，身在职场凭经验、凭蛮力、凭嗓门、凭勇武做事情，其实是不好的！聪明的职场中人，一定要学会用脑子来做事。

我们的脑子一定要动起来，要盯着领导，思考领导的工作，思考领导工作的难点和痛点，你要多思考思考领导为什么做这件事、领导在大会上讲的那些话到底是想要做什么？思考的多了，渐渐你就会有一种大局观，有洞察公司风向的能力，这种能力，是大多数人所欠缺的能力，而你有，你就会高人一筹，等某个场合让你露脸的时候，你就很容易提出建设性的意见。

长此以往，领导怎么能注意不到你呢？领导大都是惜才爱才的，只要你能想他之所想、急他之所急，他又怎么会对你置之不理呢？人都是相互的，你对他上心、用心，他也才会对你同样的上心、用心。他才会渐渐成为你的职场伯乐！

36

人在职场，要摆正自己的位置

20 年前，我在一个基层单位，当年，大多数同事的学历都是大专或中专，像我这样的本科生，一个单位只有一两个。有一天，单位突然来了一个博士生，这是我们全县唯一的一个博士。

他姓彭，我们都叫他彭大博士，简称彭博。

第一次看到彭博时，看他的打扮我就知道，这位仁兄也定是出身寒门，想来应该平易近人，可现实恰应了那句老话：人不可貌相。

想必是他在大城市待久了，或是在读博期间见识了大场面，他来到我们单位后，对县单位的一切人和物，在骨子里带着傲慢的态度，这种骨子里的傲慢一直被他压着，但是无论怎么掩饰也是压不住内心的真实的。

作为一个新人，彭大博士仅用了几个星期，就让所有的同事对他产生了相同的印象：看不起人，摆不正位置。

估计是他的某个博士同门或者导师在他入职场前特意交代了他几句：你是博士，不能和普通人比较，一定要保持自己的特色和风采，君子和而不群啊！

于是，我能感受到这个来自农村，本应是淳朴之人的人，因为某种观念，让自己拥有了一副不应有的但是他自己认为是对的样子。

彭大博士估计在学校没有恋爱过，他在单位基本上不和女同事说话，不得已必须说时，偶尔还会脸红。但是，在脸红之际，他还是要摆出一副高高在上的样子。

而今，我想对彭大博士说句心里话：

领导的样子要摆出来，不然和同事称兄道弟的，没有一点威严可言的话，单位就容易成为乱哄哄的帮派，导致政令不通。但是，你摆得早了点，虽然当年我们单位对博士的待遇很优厚，转正基本上就能担任领导，即便不能立即担任领导，也会解决领导的级别问题。可你还没有转正，你仍然只是处于试用期的普通职工，却过早地摆出一副领导的架子，很容易造成没必要的不良影响。

初入职场也好，职场老鸟也罢，要摆正自己的位置，服从领导管理，忘掉那些曾经让你沾沾自喜的荣誉。如果自己真的有宏图大志，那更要低调做人、低调做事，这是必不可少的过程。

其实，真正厉害的人，无时无刻都“低至尘埃里”，尽量让自己不显山不露水。较之彭博这种要虚名而得实祸的人，那些处处谦卑、处处让利、处处不争锋的人，才真是值得我们学习的。

彭博如期转正后，没有被提到领导岗位上，而是被安排去了另外一个单位，虽然享受领导级别的待遇，但不是实职。两年后，他觉得郁郁不得志，果断辞职，在导师的帮助下，进入了一个央企的科研部门。十几年过去了，据我所知，他从未换过岗位，依旧在那个央企的科研部门。

37

做一个正派的职场人

人在职场，一定要正！守正才能出奇，如果给人的感觉不正派，那你在职场也就很难有大出息了。

那，怎么才能做一个正派的职场人呢？

一、首先你得让人第一感觉就是正派

未必要仪表堂堂、器宇轩昂，但也别畏畏缩缩，像深夜里的老鼠。永远不要低头含胸，像被审判的犯人，像秋后被霜打的茄子，哪个领导都不会喜欢蔫了吧唧的人！无论是站还是坐，都要挺胸抬头！不要用目光斜视任何人和物，看就正大光明地看，就力争直视，不要用余光一瞥！

说话时，别像蚊子一样哼哼唧唧，即便天生柔弱无力，故意把声音提高八度也要把话说得势大力沉一些，尽量每一次都把话说得字正腔圆，都说得有深厚的力度在其中！

身上穿的衣服，可以不是名牌，但是千万别有浓郁的体味，千万别有杀马特或者非主流的装扮，千万别一副不修边幅的艺术家模样，职场就是职场，穿着打扮一定要给人以笔挺整洁的感觉！

高兴时不要手舞足蹈，失落时不要垂头丧气，尽量不要在职场中失态，要做到泰山崩于前而色不变！

领导要求出主意出计谋时，永远不要出馊主意，永远不要出关于阴谋的主意，别人如果一意孤行游走在灰色地带，你不要去赞同，也别去否定，要学会保持缄默。

二、其次说话做事，一定要正

说话时，切勿在背后开领导的玩笑，背后对于领导只有一个字：好！不管再好，也不要和同事议论领导，坚决摒弃这个坏习惯！

交流或汇报工作或同事间日常交流，说话都要以正为托底，然后再适当加减某些话。

不讲带脏字的话、具有攻击性的话、自我吹嘘的话等等，说出来只能起到负面效果的话，坚决不在大庭广众下说！

从长远来看，不说话也许都有负面事件，更何况每日大放厥词，而不知加以限制。我们的钱锺书先生，年轻时因为学富五车所以健谈善辩，到年老，看待事情只是笑笑，有人说那是因为他这一生经历了太多，老年后了悟真谛：百分之九十九的话，没必要说，说了也没什么用处。

所以，一定要驾驭好自己的嘴，该说的一定说，不该说的一定不说！

再说说做事一定要正。别贪小便宜，接待用烟用酒、办公室小物件，只要是公家的，不能没完没了地挪为私用。

在利益得失面前，要大度一点，我先前讲过，只要领导知道你吃了亏，甚至是主动吃了亏的，领导基本上都会给你找补回来的。不要事事都争个我强你弱：办公室拌两句嘴，我要压过你；做完事情抢头功；分配利益所得，少给一分钱都要一蹦三尺高；分配任务，多给一点事都要叉腰骂娘……少去参与一些无谓的争论，少去参与一些蝇头小利的争夺，把心胸放得开阔一点，让自己变得大度一些。

做事要稳稳当当的，力争做到滴水不漏，不要着急做，慢慢来！领导再催促，也要把做事的质量放在第一位。如果你做什么事都不出差错，办大事时，领导首先就会记得你。如果你做小事都漏洞百出，甚至草草了事，等到关键事件时，一准把你排除在外。

做事要久久为功，不要做了几件不错的事，就觉得领导应该对你格外看重了，如果领导没有表示，你便心浮气躁了。永远都不要在公司表现出心浮气躁的样子，永远都要稳稳当当的，就像余则成那样，走路一步一步慢慢地走，走得四平八稳，走得端庄凛然，走得让人踏实心安。我先前曾经讲过，年轻人都应尽量把说话、做事的速度降下来。提高做事效率的主旨核心，我认为并非是加速而是保质。可是年轻人都容易热血沸腾，怎么才能做到心如止水呢？先从这两点入手：走路故意走慢一点、走稳一点，说话故意说慢一点！

记得永远要把笑容挂在脸上，这是你获得好人缘的不二法门。

笑容要发自内心，千万不要假惺惺地。

不要眼里只有领导，也要尊重做保安的门卫和做保洁的大妈。每天进门问保安早，遇到保洁说辛苦，是高素质的一种体现。

做事，一定要听使唤！但是不该自己做的，不要猫喊你干你就干，狗喊你做你就做。不要害怕开罪别人，手头上有分内事，要做也要等这些事做完了，不然，在公司你做的越多，找上门来的事也就越多。一开始不想得罪一个芝麻，到后来，得罪一个西瓜！在公司，别做所谓的“老好人”，该拒绝的一定要学会拒绝。

三、心要正

不要天天想着算计人，想着三十六计，但是要天天想着如何防止被算计。

能帮人时且帮人，人心向善总是没错的，善良才会有大福报！

在职场中，每个人手中都有一些资源，这些资源能用来服务百姓群众的时候，就尽量服务他们，让他们得到政策范围内最好的资源。在自己的小利益和群众的大利益面前，永远要以他们的大利益为重。

第二部分

同事篇

38

当年我是这样躲着欺负我的同事的

职场中难免会遇到一两个道行高的坏同事，他们经常找你茬，和他们理论吧，事太小，犯不着；就当啥也没发生过吧，又觉得窝囊。

久而久之，看到这个同事，你本能地就躲得远远的：惹不起，咱还躲不起吗？

躲，是没错的。但你还可以做得更多来应对这种同事，你应该这样做。

首先要不怕事！很多事情，都是在自己克服了恐惧后，才能看到它的本原的！但不能遇到什么事都把不怕事放在思考的第一维度，思考的第一维度应该是在不恐惧它的情况下仔细想办法，如果想不出好办法，那就暂缓，而不是暴虎冯河般靠“老子跟你拼了”

的方式解决问题！

当年，我刚参加工作时，镇政府有个年轻人小王，据说是某领导的亲戚，学历是初中（肄业），在社会上闯荡几年后，被安排进了公司，临时工。这世界上有一类人，看到自己缺什么，而别人又有，就会嫉恨别人。

我当时是公司唯一的正儿八经的大学生，在年轻人中，他学历最低，我学历最高，但是他的社会经验丰富，所以，他经常当着很多人的面挖苦我，我却不能回击，因为我只要回击，大家便会觉得我心眼小，觉得我是这是尖酸刻薄之人。总之，我经常被他旁敲侧击、笑里藏刀地挖苦讽刺，气得晚上睡不着觉，却无法反击。确实，每次被他丢的“驴粪蛋子”砸中面门后，晚上就气得睡不着，左思右想、辗转反侧，痛恨自己脑子笨，怎么样都组织不好高明的语言回击过去。

比如某领导夸我材料写得不错时，他在旁边就会说：“毕竟是大学生，水平当然在公司是最高的，我要是大学生，我也会认为我的水平最高，真的，这种人才放在镇上，太屈才了！这种人才很快就会被上级公司要走，所以，主任、副主任，你们可得对这种人才客气点啊，说不准明天就领导你们了！”

这就是传说中的“捧杀”！虽是夸赞，暗有杀招，我当时对于这种语言技巧，实在是无力还击。

时间久了，我便对小王有种本能的恐惧，他在的地方我尽量不去。再加上他在社会上的狐朋狗友多，我当时真的是怕了他。

有多少个夜晚，我痛恨自己无能，嘴笨如钝刀，脑木如锈铁！

因为恐惧，我想到的唯一办法就是躲。

这么多年过去了，我想了想，其实当年躲是对的，但是恐惧是不对的。我们都会遇到这种人，这种人之于我们，就如青蛙之于蚊虫，天生就是降服我们的，我们除了躲开没有其他办法。但是躲开，应该是一种策略，而不是恐惧后的反应！我再说一遍，躲开，应该是一种策略，而不是恐惧后的反应。

而今，如果再让我遇到他，我不会再恐惧，我会审时度势地承认现实，然后躲开他。自己奋斗自己的事业，让他不存在！只有我变得足够出色，才是对他最好的反击。

所以，内心要强大一点。遇到事情，不要以小兵的思维去思考，想想你的领导会怎么办，也会害怕吗？也会战略性地退缩吗？

人在职场，千万不要怕，不要怕！

39

与不同的同事，应该有不同的接触方式

见人说人话，见鬼说鬼话，这种作派，我是很不赞同的。我也不建议大家在职场学这种作派。

但，我也不建议大家用同一把为人的尺子，去衡量所有的人。对待不同的同事，应有不同的接触方式，这样我们才能在职场中少碰壁、少走弯路。

有一些同事，是公司的大喇叭，生来就带着不适合职场的性格，结果一辈子在公司蹉跎岁月，闲得无事，养成了嚼舌根和传话的恶劣习惯。对这种人要客客气气的，这种油盐不进的公司大喇叭，谁招惹上了谁倒霉，领导拿这种人都没办法。

所以对这种人，最好敬着点！在他们面前把自己的姿态摆得低一点。如果不小心，招惹到他们，他们四处说你的不是，不要很着

急地找他们算账或者理论。你算不过他们、你也理不过他们，即便算过了、理过了，到最后吃亏的还是你。

你在网上买个二十块钱的发卡，或者是一箱库尔勒的香梨送给他们，即便他们不要，他也不好意思再传你的坏话了。倒不是怕他们，和这种职场的失意者较真，犯不着！

有一些同事，本身是不坏的，但是横竖看你不顺眼，这可能是你无意中开罪了他。不要较真，忍一时风平浪静，退一步海阔天空。主动找机会向他道歉，承认自己有做得不够好或者是做错的地方，争取达成和解。

如果有一部分坏同事，确实坏得不能再坏了，那你就躲着他，尽量不和他有什么交集，对他们敬而远之。有工作交集时，他想占一些小便宜，你尽管让他去占吧，不要和他因为蝇头小利起争执。因为毫无必要浪费时间在这样的人身上。

如果确实躲不开，或者他是一个欺软怕硬的主，你越是忍让，他越是觉得你软弱可欺，那你就该抖擞一下精神了，不能再这样策略性地忍让了！

但，也没必要立即就和他针尖对麦芒地掐起来，真掐起来，或许他以后不敢欺负你了，但你也杀敌一千，自损八百。所以，不要动怒，不要真掐起来，能用其他方式解决矛盾，就绝对不爆发冲突，能平和地解决争端，就绝对不用激烈的吵、闹等来解决。

毕竟，我们都是成熟的职场人了，如果动不动就拍桌子，动不动就和他人大吵大闹，即便你是维护自己应有的权益，时间长了，领导还是会觉得你这样做伤了职场的风化！

40

在职场，不能得罪的几类人

很多人在公司觉得只要尽心尽力，取得业务实绩，赢得领导的赏识，加薪提升就指日可待了，而对那些一般行政人员，则没有给予应有的尊重和礼貌，认为得到他们的协助是理所应当的，所以平日就对他们指手画脚，态度十分欠考虑，拍桌瞪眼，把维护人际关系的那一套，都抛到九霄云外去了。这是一个非常严重的认识误区。

有些办公室人员的职位虽然不高，权力也不怎么大，跟你也没什么直接的工作联系，但是，他们所处的位置却非常关键，他们的影响无处不在。

所以千万别轻视办公室里那些鸡毛蒜皮的小事，它们往往能左右你的工作效率；更不要小看那些平日里不起眼的所谓“小人物”，他们的潜能会让你大吃一惊，甚至影响到你的业绩和升迁。

首先是财务。

不要以为财务只是做做财务报表、开开单据。在数字化时代里，财务部门的统计数据，决定着你的预算大小和业绩优劣，财务人员已经从传统的配角，逐渐走入参与决策的权力核心，他们对各个部门业务的熟悉程度简直会让你大吃一惊；而对金钱的“精打细算”也使得领导对他们说的话格外重视。

所以，你是万万不能得罪他们的，他们的工作基本上都是公司的一把手在分管。

其次是人事。

进入公司要经过他们，轮岗换岗也要经过他们，加薪提拔更要经过他们，所以他们对你的监管和影响是无处不在的，他们掌握了许多核心信息，对所有在职人员了如指掌。所以，公司的人事部门，你也不能得罪，否则，你就会体会到他们的能量和影响。

再者是秘书。

为什么秘书不能得罪，大家心里都清楚。因为秘书们是领导身边最亲近的人，得罪了他们，是很麻烦的，只要他在领导面前随便说上几句对你不太客观、不太友好的评价，那你先前的很多工作努力可能都付诸东流了。

41

职场中人，不能一直做没有脾气的绵羊

上一章，我刚说完不能得罪公司的财务，但是我当年刚参加工作的时候，因为年轻，狠狠地把我们单位的财务得罪了。本章，我把当年得罪他的过程讲给大家听。

当年财政科科长老邓是单位的老资格，眼里只有主要领导，其他人一概不放在眼中，包括副职。

可以理解，公司所有开支，都要在老邓这根针孔里过，所以，老邓是单位里不可或缺的核心成员！

老邓在单位盘踞二十几年，几乎没有再上升的空间，加上他自己也没有仕途上的追求，他这样无欲无求的人，相对要自由得多，不需要克制自己坏脾气，可以充分地表露本真。

所以，因为报账事宜，他几乎得罪过单位所有的职工，会计和出纳都觉得没问题的报账单，他却总能找出不相干的东西，一张报账单，能让你修改三遍，就绝不会只让你修改两遍。因为财务工作相对来说是一项技术活，所以经不住他唬，所以大家经常被他唬得团团转。

我们办公室的人，是老邓看着最不顺眼的。据小道消息：我们主任老孟和老邓因为办公用品采购的事在私下里起过很大的冲突。原来办公用品采购是老邓在负责，后来被老孟分走了。所以，老邓“恨屋及乌”，对我们办公室所有职工一概不待见。

我恰恰又是初生的牛犊，刚参加工作一年左右，所以，老邓常常对我发脾气。尤其是涉及采购的办公用品发票报账，老邓更是瞪大眼珠审查来审查去，每次都能找出纰漏，比如，老孟签的这个字，该往上一点；办公用品谁拿去用了，要有一个明细账，哪怕是一支圆珠笔都要有账可查；这个日期要拿回去改一下；这个月报不了了；等等。

每次都是边指责报账单有问题，边指责我：年轻人做事怎么这么不仔细，真不知道你们大学是怎么毕业的！这么简单的事，又弄错！不能马虎！不能……

我每次只能是点头点头再点头，赔笑赔笑再赔笑。虽然内心早就架起了一挺机关枪，把老邓突突了一万遍！我认为，我这小年轻，初来乍到，和这些老同事，犯不着！其他年轻人能忍的，我也能忍。

终于有一天，我怒了！

一次，我去县里参加了一周的培训，回来后报账，在老邓让我左改右改我都照做后，他便让我走了。可是等了很长时间，财务依然没通知我领钱。

我去问出纳，他说他压根没看到报账单。

我去问老邓，他先是说忘记了，后又说："你先回去，我找找看，单位每天报这么多账，我哪里能记得你什么时候报过账！"

于是，我又回去等消息。

又是很长时间过去了。

一天，单位主要领导把我喊到办公室，因为我的一项工作出现了一些问题，领导毫不客气地劈头盖脸把我一顿批评。

最后领导说：去，给我打壶热水上来！

我委屈地往楼下走，路过老邓办公室，我想，进去再咨询下我的报账的事吧。

敲门后，前脚刚迈进，后脚还没踏入，老邓便开始训斥了："你报的才多少钱啊？就知道催催催，年轻人别把钱看这么重，掉到钱眼里很容易走邪路！我看你们办公室就是闲的，闲人才每天盯着那几个报账钱，大学生得有大学生的素养……"

主要领导骂我，我受着。因为我该骂，我的工作确实出现了问题。然而老邓一而再、再而三地训斥我，拿我这个小牛犊当一坨小牛肉，想怎么宰割就怎么宰割，偶尔一次也就罢了，但每次都这样，越忍让他反而越蹬鼻子上脸。

无名之火熊熊起，恶向胆边滚滚生！

我抄起暖水瓶向老邓砸去，老邓躲开后，暖水瓶砸在他身后的铁皮柜子上！震天巨响！

平日里常念叨的"笑脸相迎""唾面自干""泰山崩于前而色

不变”等为人处世的准则，此刻见势不好，都滚得远远的了，盗拓、白起、张飞、李逵在此刻灵魂附体，我扔出暖瓶后，仍觉得不过瘾，便一个箭步上前，抓住老邓，对，老子今天就是要“拳打镇关西”！

当时老邓的办公室还有其他同事在等着报账，他们上前拉住了我！

老邓像是被那震天巨响吓破了胆，半天才回过神来，开始叫嚣一些壮自己胆、灭我威风的话，我本来被两个人拉住，听到老邓骂我，又立马挣脱上前去，结果又被拉住，拳不够长，脚够长，虽被拉住，但仍抬脚狠狠踹了老邓一脚。

然后，老邓冲上来，也被拉开了。这时候，老邓办公室已经涌进来很多同事，老邓开始大声痛斥我的不是，说我要砸死他，要他的命，等等。

此时，我的怒火已经发泄完了，脑子也恢复冷静了，我意识到自己闯祸了。

我要拔腿开溜了，开溜之前也没忘为自己争取支持，我说了一句：“你不要太欺负人了！”然后就出去了。

神情恍惚地回到办公室，我身体忍不住战栗，我认为我真的闯了弥天大祸！

对于一个参加工作只有一年左右的年轻人，居然要打单位的财政大管家！越想越害怕！

我以为会起轩然大波，但随之而来的是太平无风。什么事都没有！

领导听说了这事，在我去送文件时，过问了一下，看清楚：只是过问，甚至都没一句批评！他知道我是公司最忙碌的一个，平日里像蜜蜂一样辛苦劳作，经历大风雨后，此刻最需要关怀，所以他说了一句：“年轻人要尊重老同志！”然后立即补上一句：“你报销的账，我督促老邓立即给你报出来！年轻人本身也没多少钱，经济上有什么困难，直接跟我说！”当年那个稚嫩的我，听了这几句暖心话，眼泪扑簌簌掉下来！

事后几天里，我明显感觉到平日里对我颐指气使的年长同事，反而对我增添了几分客气！

大部分同事呈现一边倒的态势在事后声援我：“老邓那挨千刀的，你不捶他，我都要去捶他了！单位的钱，又不是他的钱，天天捂着那个紧！”

所以，平日里有个好人缘，即便偶尔冲动一次，自己还是会得到大家的支持。

此后，我很久没去老邓那报账了，因为觉得不好意思。可最终还是要去报，总不能老是垫钱干工作呀！

意外的是，老邓没有再刁难我，一点都没有！他把报账单放到抽屉里，这意味着没什么问题，可以正常报账了，我忍不住向他道歉，他也没多说什么，只是点了点头。在以后的报账中，他都没再敢刁难我。

我估计他肯定在想，这个年轻人太虎，好在那天躲开了那个暖水瓶，不然砸中面门，玻璃碴子伤到眼睛……想想都吓人！

终于把我入职以来最冲动的一次经历写完了。好在苍天佑我，那个暖水瓶被老邓躲开，不然，后果不堪设想。

各位读者，你们在这个事例中有什么体会吗？

我想告诫你们的是，刚就职的年轻人，处理各种问题，忍让必须摆在第一位，不能受不了半点委屈，遇到不公平的事和得到不公平的待遇，就勃然大怒、拍案而起，这样，是不行的。

但是，也没必要过于委曲求全，我们虽是职场中人，但我们依然有自己独立的人格和尊严，当一些同事倚老卖老地任意践踏我们的职场尊严，触碰我们的职场底线时，我们必须予以还击，而不是一味地忍气吞声，做没有脾气的绵羊。当你还击的时候，你不必再害怕什么。

但是，最后，我还是建议各位读者在公司一定要忍字当头，要多忍，没坏处！忍得越多，胸怀越大！但，忍到忍无可忍，那就择机爆发吧！从某种角度来说，择机爆发是你树立威信的一种方法，并且也能靠爆发来宣示自己的职场尊严。

当然，大家不能向当年的我学习，不管怎么样，打人都是不对的！

42

一眼看透他未来的“丧青年”，你就别交了

读者们，你们是不是也经常遇到类似场景：初次见面，便有自来熟的人在几杯酒下肚后，和你搂肩搭背，称兄道弟。我向来对这种人不感冒，我的观点是：切忌交浅言深。

现在我想谈一谈：职场漫漫长路，应该要和什么样的人交朋友呢？

听我慢慢道来。

年轻人，要注意发现身边的杰出的人、上进的人、目标坚定的人，然后不卑不亢地与他交流、交心、交朋友！和这些人做朋友，他们对工作的激情、对生活的热情、对自己高标准的要求等，是自己好的标杆和一面擦拭干净的镜子。与善人行，品行必不恶。物以

类聚、人以群分，一定要给自己分好类、找对群。

以我为例，刚开始工作那会儿，我是很喜欢去各种聚餐的，尤其是年轻人的聚餐，几乎逢叫必到。

后来我渐渐觉得好像有点走偏，因为我遇到了一个职场上的榜样：刘老师，他比我大六岁。

他来到公司，几乎不参加饭局，所有的功夫全部用在深入调研、写调研报告上面。时至今日，我仍记得那双眼睛，那双具有穿透力、迸射出积极向上的、正义之光的眼睛，他于我来说，永远都是那么傲然挺立而又平易近人。听说他不到半年写满了十几本日记本。有一次公司的年轻人聚餐，终于把他请出来了。吃饭时，他给我们上了深刻的一堂课，起码对我来说是深刻的。

他说：很多年轻人，在工作的起点就输了，输在哪里呢？输在交友不慎。一个年轻人，喜欢和做生意的混在一起，他渐渐地就会做生意，但是也会沾染上生意人的一些恶习。喜欢和更高一层的同事交朋友，他可能就会得到提拔，但是渐渐地可能会变成势利眼。喜欢和品德高尚、志趣相投的人做朋友，渐渐地他可能会具有人生的大智慧，但是可能会陷入到悲天悯人、消极出世的状态。喜欢和一些社会地位不如自己高的人做朋友，渐渐地他可能变得盲目、恣意、嚣张，而自己的事业也极有可能停滞不前……

自此以后，我便开始有选择性地去结交朋友了。

43

遇到口才比你厉害的同事，你就扛不住了

读者们，你公司里肯定有口才非常厉害的同事，可能你办公室里就有一位呢。你和这种嘴巴厉害的同事过招时，明明你有理，可是偏偏因为他口才占上风，你被他说得哑口无言，大家好像都觉得他更有道理！

你被他气得七窍生烟，但是又有苦说不出。

没必要把自己气成这样！不就是自己嘴笨吗？嘴笨就嘴笨，咱们得承认。你得承认别人的长处，有些人就是有舌灿莲花的本事，天生就巧舌如簧。

嘴笨，不等于就输掉了整个人生！你且看那些嘴巴厉害的人，其实好像也没有在职场中发展得特别好，但凡发展特别好的，都是学会了闭嘴，或者学会了嘴下留情的人。

所以，读者们，请你一定要活得通透一点，不要拿自己的短处去和别人的长处较量，较量不过就气得把牙齿都咬碎了，你这不是在自己折磨自己吗？

我当年读大学的时候，经常自己折磨自己。我的形象不怎么样，这是我的短板，于是呢，我在大学校园里，看到那些帅哥们，心里就会暗暗说：除了长得好看，什么本事都没有！这就是自己拿自己的短板来折磨自己了。

这还没算完。当年，我是学生会、社团的积极分子，只要学生会纳新、社团纳新，但凡我说了算数的，只要我觉得长得帅的，统统不要。

结果，我管的部门和社团里，大多数都是女生，毕竟，比我丑的男学生，确实不太多。

慢慢地，我明白这个道理后，我就很坦然了，甚至，我还经常自嘲自己的丑模样！老天就是给了我这个其貌不扬的皮囊，我接受这点的程度越深，他人就越没办法在这个点上打击我。

我女儿在两三岁的时候，我老婆的闺蜜逗她：你说说你家里谁最好看？本来想让女儿说她妈妈最好看，结果女儿说："爸爸最丑！"

女儿本是父亲的"小情人"，连"小情人"都觉得我丑，于是，我就更加放得开，更加坦然了。

人呐，只有接受了自己的缺点，才能活得更通透、更从容。

不然，要么显得自己是异类，要么自己心累！

比如，你确实工作能力不行，协调能力很差，别的同事一下就能分出工作的轻重缓急，你却只能一件件写下来，慢慢分析，才能知道哪个事先做才是最好的。人家经常比你高效率地完成工作，于是，你就开始自己瞧不起自己了，觉得自己是全天下最笨的人。

再比如，你确实不太擅长和领导互动沟通，你看到别的同事和领导有说有笑，心里就不平衡了，懊恼自己怎么就不知道如何和领导互动呢？

瞧不起自己、懊恼自己，没啥用的！你经常这样做，只能让你渐渐地陷入到自卑的境地，无法自拔。

我不想我的读者把自己按到自卑的角落里，所以，我提醒你们：

千万不要自己看不起自己，即便你确实短板太多，也不能自己看不起自己！我在网上看到一个段子，说马云无论在读大学还是创业陷入窘况的时候，脸上都洋溢着自信，我在网上搜了一下相关图片，果不其然。

马云的相貌虽不出众，但是人家永远自信！

自卑，有时真的特别影响你的运势，不信，你看看那些唯唯诺诺讨好型人格的人，你是不是对他的第一印象就是成不了气候？

你应该高度善待你自己。尺有所短，寸有所长，你肯定也有自己的长处。要看到自己的长处，适时地肯定自己，并且尽量活出真我、自我！

44

如何与强势的同事过招

公司总有一些强势的同事，他们为人非常高傲，工作作风也非常强硬，这种同事虽然没有什么坏心，但是和这种人共事非常窝火，他们总是有意或无意地说出一些无礼的话，做出一些具有些许挑衅意味的事。如果你遇到了这种强势的同事，首先你不能立即“猛烈反击”，其次你要控制自己的情绪，大可不必对他产生畏惧情绪。

在控制好自己的情绪之后，你需要做的就是，开始控制场面。怎么才能控制场面呢？有一个方法非常好，那就是不断地指出他的错误，不断地修正他的逻辑，一般说来，强势的同事很多时候都是强词夺理，甚至是胡搅蛮缠，你可以客观公正地说：你这种做法是错误的！你这种想法是错误的！你这种态度是错误的！你这种逻辑是错误的！你不太冷静，等你冷静了你再来找我交流吧！你这样想，是非常偏激的，你需要客观公正得来看待这个问题……

如果对方依然不依不饶，态度仍非常“强硬”，此时最好的方法，就是静静看着他咆哮，等他咆哮累了，你借机继续指出他的问题，继续修正他的逻辑。

甚至你还可以给他扣一个帽子，比如“你这个人真是不可理喻！”“你这个人已经钻进牛角尖了，我没办法再和你交流！”“你这样说就是胡搅蛮缠了，那就没必要再这样无意义地争执下去了！”等等。

已经过招到这个地步后，我建议你立即停战，起身离开，闭口不言。因为此次交锋已经告一段落，再这样战斗下去，就是杀敌一千，自损八百了！聪明的人是不会这样做的。再说了，我们的目的不是交锋，我们只是借交锋，让这个强势的同事明白：我们也是有底线的。

且战且退，是正确的。

但很多人能战不能退，在和同事起争执时，吵得面红耳赤，甚至要大打出手了，闹得场面不可收拾，只能领导来调停，这就得不偿失了，甚至可以说是损失惨重！我们宁肯不交锋，忍气吞声，也不能把局面闹大成这个样子，因为较之自己的职业发展，吃点同事的窝囊气简直是小事一桩。为了这种小事，影响自己的发展，是不划算的。

所以，在争锋时，自己就要有明确的主见：不能把事闹大，该息事宁人，就立即挂旗休战，这才是成熟的人做事该有的分寸。如果任由怨气横生，怒气升腾，双方都是针尖对麦芒，那无疑，此次争执，双方都是失败者。

45

同事间的友谊也会生变

很多人生性纯良，从小到大都坚信：以真心待人，必然换来他人真心。对于绝大部分人，是这样的。但在职场，这个规律可能要打一个折扣。

又要说我的故事了：

小李比我早一年参加工作，我们都是年轻人，并且有些“臭味相投”，都既迷茫又积极地适应着大群体，又都是单身，所以我在公司和他走得最近，好到极点的时候，几乎是入成双、出成对。

刚参加工作时，好像每个人都有这么一个十分要好的同事朋友，你和他相互帮助、相互信任、相互分享，这样的友谊，如果能坚持下去该多好！这是从大学友谊到社会友谊过渡的中间阶段。

我和小李几乎是无话不谈，就像在大学时关灯夜聊一样，没有任何保留、没有任何隐瞒，全部坦诚地与彼此分享。甚至连单位里我觉得哪个姑娘最好，我都毫无保留地与他分享。

当然，他的一切秘密，也都与我分享，包括他们单位里一些乱七八糟的事。而今想来，当时我们都是那么的不成熟。

后来想想，这种充分的信任，是来自在学校里对友谊信任的惯性。

后来，不知什么原因，我和小李的关系渐渐变淡，再渐渐交恶（不知各位是否有同感，我们很多美好的友谊渐渐变质都归因于“不知什么原因”）。

我对小李之所以疏远，也许是因为我曾经跟他说的很多秘密，居然被别人当成玩笑传到我耳朵里；之所以交恶，也许是因为不断地有我曾经的秘密传入我耳中。

我当时特别后悔同他讲了那么多秘密，想必他也后悔同我讲了那么多秘密。但是我从来没有将那些秘密作为报复的手段同别人讲。很多年过去了，而今坐在这里敲打键盘写出这段回忆，不由得想知道小李当年为什么将这些泄露出去。

想来想去，我觉得小李的人品是非常不错的，没有主动泄露秘密的动机。还是归因于“不知什么原因”吧。

人心易变，人性难测啊！

比如我和小李，虽然关系无比亲密，又都不是卖主求荣、两面三刀的人，可是美好的友谊仍然败给了莫名其妙。或许是某些好事者从中挑拨，或许是我做了某些我觉得无所谓而小李觉得有所谓的事……谁知道呢？总之，还没有遇到利益之争我们的关系就分崩离析了。

读者们，你们肯定也会遇到这种情况：单位中确实有聊得来的朋友，平时关系真的挺不错的！

但再不错，也只能是玩得不错的同事，而非交心的知己！自己一定要定位好这个关系，关于自己的很多核心机密，绝对要保守好。不然就要有机密被泄露的风险。

古人把方法都替我们总结好了：君子和而不群。要保持一团和气，但又不和谁过分亲密，做一个适当参与各种活动的“旁观者”。做旁观者，不是让我们冷眼旁观，而是让我们在载体上、形式上去参与，但是在内心深处又保持自己的独立。

46

哪些言行会影响你和同事的关系

有一些人在公司，人缘不太好，自己觉得很郁闷，好像别的同事都抱团排挤自己似的，自己想主动融入他们，但是别人好像还不领情。其实，如果自己在公司被其他所有人孤立，那你不必窝火，不必心有不甘，因为大概率确实是你自己身上出了问题，或许是你日常有某些行为伤害了他们的感情而不自知。

有哪些言行会伤害同事之间的关系呢？我来给大家列举一下。

一、明明知道却说不知道

这种行为，不太好！严格意义上来说，这都可以上升到品德问题了。比如同事出差去了，或者临时出去一会儿，这时正好有人来找他，或者正好来电话找他，如果同事离开时没告诉你，但你知道，你不妨告诉他们；如果你确实不知，那不妨问问别人，然后再告诉对方，以显示自己的热情。如果你明明知道，却直说不知道，一旦被人知晓，那彼此的关系就势必会受到影响。

二、自己的一切都是秘密，什么都不和同事分享

诚然，有些私事确实没必要跟同事说，但有些私事说说也没有什么大碍。比如你的男朋友或女朋友所在的公司、学历、年龄及性格脾气等；大家都不忙的时候，随便聊聊这些，是可以增进相互了解、加深相互的感情的。

可是你呢？你把自己所有的事情都当成隐私，什么都不和同事说，同事对你的一切都不了解，都觉得你是一个神秘人。其实，你这种行为是人为地设置交流障碍，是不可取的。你主动跟别人说些私事，别人也会向你说，有时还可以互相帮帮忙。你什么也不说，什么也不让人知道，人家怎么信任你？信任是建立在相互了解的基础之上的。

三、有了好事不跟大家说

比如公司过年发年终奖、过节发过节礼品时，你先知道了就去领了，领回来一声不响地坐在那里，像没事似的，从不向大家通报一下，有些东西可以代领的，也从不帮人领一下。这样几次下来，别人自然会有想法，觉得你太不合群，缺乏团队意识和协作精神。以后他们事先知道了，或有东西先领了，也就有可能不告诉你。如此下去，彼此的关系就不会和谐了。

四、经常拒绝同事的好意

经常拒绝别人的好意，别人会心寒的，甚至，别人会觉得自尊心受挫。比如同事带点水果之类的零食到办公室，给大家分着吃，大家都接受了，你也就不要推了，人家热情分送，你却每每冷拒，时间一长，人家有理由说你清高和傲慢，觉得你难以相处。

五、总是喜欢得理不饶人

很多人非常爱较真，喜欢得理不饶人，在同事相处中，抓住别人理亏的时候，就会在嘴巴上占尽便宜！更有的人，有理要争理，没理也要争三分，不论国家大事，还是日常生活小事，一见对方有破绽，就死死抓住不放，非要让对方败下阵来不可！对于这种好斗的人，同事不避而远之，难道还每天和他一起拌嘴吗？

对于同事关系，我的一个整体理念是：虽然没必要花太多心思在这上面，但你不能在公司是非主流，不能让别人觉得你特别难相处，甚至是孤僻。我们都在一个公司里工作，我们是群居性的动物，孤僻，对于职场人来说，是一个贬义词。

47

在职场，面对流言蜚语，你该怎么办

很多人都抱怨自己所处的工作环境：世风日下，小人当道。

我莞尔一笑。

我觉得，其实没那么多小人，如果小人真如所说的那么多，那么我们每个人或许都是小人。因为我们只注意到所谓的“小人”对我们做了什么手脚，而忽略了我们对“小人”做了些什么。

高中时的物理讲所有的力都是相互的，我觉得人际关系中也差不多，大多也是相互的。

当你觉得那个人是小人，在背后说你的是非，暗地里下绊子让你出丑，你顿时火冒三丈，气势汹汹地就去找他算账了，或者是把怒火憋在心中，以牙还牙，以眼还眼，搞得彼此苦不堪言却乐此不疲，最后两败俱伤。

没必要！

这个世界上唯恐天下不乱的人真的并不多，真正生下来就是蛇蝎心肠的人也不多。大多数我们认为的“小人”，都是因为他的三观和你的三观不在一个频道上，然后他便忍不住要在某个场合评论你，说你的不对。这种行为，是我们大多数人都有的行为，是大多数君子刻意约束自己才不会有的行为。但是很多怨恨、纷争就是因此而生的。

没必要听信这些！我们都是君子，我们又都是“小人”。我们听到对自己不利的言论时，多潇洒地一笑置之，不让要怒火一下就攻上心头。

流言就流言，让它随风去！管他小人不小人，装作什么都没有发生！

何必当真呢？何必穷追到底呢？何必非要因为只言片语斗个你死我活，气个半死不活呢？别去管那些什么伪君子真小人的区别！因为如果一个人的注意力和精力都放在这上面，就会让一个人钻进牛角尖里，变得越来越糊涂、越来越没有大局观、越来越没有宏观视野、越来越在品格上有所残缺、越来越让人讨厌。

有一个成语叫“心无旁骛”，心无旁骛的人才容易成功。时刻提醒自己不要陷入与“小人”争斗的旋涡中，不要去应付所谓的“流言”。

眼睛努力地盯着“上方仙界”，至于凡间悄悄地在议论什么，无所谓，让他们去，等你有一天平步青云，所有“小人”都会离开你的世界，一切流言都会销声匿迹。

有时候，自强不息与努力奋斗是抗争、打击一切负面东西的最好的武器。

当年，我刚参加工作在镇政府工作时，有人说我急功近利、眼睛只盯着领导；我在县级部门时，有人说我狗仗人势、狐假虎威；我在市级部门时，有人说我假清高、伪君子，生活作风不检点；我在省厅，又有人说我油腔滑调、工作散漫、工于心计……

总之，无论走到哪里，无论是工作上还是生活中，我总是不能做得让所有人满意，总有一部分人诋毁我、非议我。

我早就明白这个道理，希望你们也明白：有人背后在嚼舌根，只能说明你比他强，说明你是值得他嚼舌根的，假如你弱爆了，他人才没闲工夫编排你的流言。

前一章我提过的小李，你们还记得吗？

当年他在公司对很多年轻同事说我心机重，说我目中无人，眼里只有领导，没有朋友，是不值得交往的。这种背后的中伤，经常陆陆续续地传到我的耳朵里。

我当时觉得小李是小人，那我就是正人君子了吗？

我在前一章里，口口声声说我并未在背后中伤过小李，果真如此吗？现在的我对那个时候的我的人品要打一个问号，还要说一句：我看未必。

有一段时间，我觉得公司的年轻人好像真的受到小李的影响，都不待见我，都觉得我是领导的狗腿子。

我总纳闷为什么聚餐不喊我了，为什么周末活动不叫我了，为什么相约进县城游玩也不叫我了。

我觉得我好像因为流言被排挤了。

其实真不是这个样子，我之所以这样认为，是因为有了一个被中伤了就应该产生相应后果的主观认识，所以看任何事物，都是敏感的、多疑的。

如果我不把这些流言放在心上，我就会觉得好像也确实没什么影响。

每个人都有让所有人喜欢自己的主观想法，也确实有人能做到，但是要牺牲自我，并且要牺牲得太多太多。我认为这是不划算的，没必要讨好每个人。爱谁谁，爱啥啥，我都不怕！

每个人都要有自我，都要对自己有一个很强的认同感，不要并且坚决不能否定自己。比如当年，有一次，我记得很清楚，一个周末的傍晚，我去小卖部买东西，路过饭馆时，看到平日里和我交情不错的年轻人和小李在一起喝酒，虽然我只是路过饭馆，却能感受到他们喝得酣畅淋漓。我心里顿生醋意，并且乱想：是不是自己真的做错了呢，不然他们为什么排挤我？

惆怅良久！

这种想法就是错的。他们喝他们的，关我啥事呢？即便真的是孤立我，又有什么恶果吗？一点都没有。这反而能让我更加看清这冷暖。我坚决不会动摇这一点：我相信我自己，从不怀疑我自己。

人啊，真的要对自己自信，不管遭遇任何流言、遭遇任何主观认为的排挤，都不要对自己产生怀疑（话说曹操从来不认错，其实很多领导都不会轻易认错，这是对自己高度认可的表现，一个人只有对自己高度认可了，才能渐渐得到别人认可，因为这个世界上大部分人都很容易左右摇摆，很容易被丁点的风雨所动摇，这种左右摇摆的人即便运气好当了领导，也注定做不出什么成绩。一辈子左右摇摆，一辈子是个老好人，一辈子没有自己真正的主见，一辈子都看不清自我）。

在职场真正叱咤风云的英雄，从来不在乎这些微末之事，坦然面对所有流言蜚语，他们手中的长剑永远都指着高山之巅，指向彩云之间。

48

同事欺负你时，你无论如何都不要怕

每个公司都有老好人，你仔细看看那些老好人，是不是真的就应了那古话：好人有好报。我看未必，起码在职场上，他们总是被抓去干苦活累活脏活，总是被掌握话语权的人有意无意地撇在办公室一角，分内的事他要做，分外的事也总是会被抽调过去做，年轻时要做，年龄大了仍然要做。

这也就罢了，有时候，老好人还会被同事无端欺负，他以为你对所有的不公平都会逆来顺受，他以为你天生就是软骨头，你越是对他忍让，他越是得寸进尺。对于这种同事，你该怎么办呢？

我拿我举例。

我小时候体弱多病，个头不高，所以从小学到初中，我都是班上被欺负的对象。每天都有人打我，我记得每到快放学时，我本能地就害怕，因为我知道放学路上又会有人打我。对，我就是这样战战兢兢地过完了我的少年求学时光。很抱歉，我没有像美国队长那样做出一次有效的反击，我只是被动地挨打，日复一日，年复一年。到了高中，这种欺负才终止。到了大学，几乎没人再欺负我了。我才感觉到无比欢快，那些小时候受到的欺负好像变成了我敢闯敢试的一个比对：无论我做什么事，越是苦难、越是挑战大的事，我都会想，即便做得再不好、即便再害怕，也不会像小时候那样了，起码做不好也不会挨打，起码再也不会经历那些提心吊胆、天天害怕被挨打的日子了！

参加工作以后，更是这样。

我之所以拿我举例子，是想告诉大家：别怕！感觉某同事做得太过分，你该拍案而起就勇敢地拍案而起！该大声呵斥就勇敢地大声呵斥！谁也不能把你怎么样，最坏也不会像我小时候天天被打。不要害怕你得罪了某个同事，就担心他找上门来。随便他来，他顶多也就是拍着你的桌子质问你，你也只需要坐在自己的凳子上，边做自己的事边回复他：我没有那样做，也不会那样做。

无论他说什么，你都可以这样回答。他不会打你，所以，关于职场，你无须害怕任何同事，他们不能拿你怎么样。

所以，首先，别怕。你在职场做的一切事情，大多不会使你遭遇什么毁灭性的、肉体上的打击，大多是心灵的煎熬，比如担心事态的走向，担心注定要来的言语上的冲突，等等。

每个人在职场，少惹事，但也绝对不该怕事，更不该怕同事。你因为害怕冲突，处处忍让着欺负你的同事，但你只是延缓了冲突发生的时间，迟早有一天，你还是会忍不住的，所以，一些注定会来的事，尽量早面对、早解决，尤其是面对这些，对你来说，并没有实质性后果的事情。

49

千万不要动不动就怪别人！有时，是你的错

很多人，在工作上不懂得反思，只要领导一批评，便觉得自己的天塌了，便觉得自己被瞧不上眼了。只要同事坐在一起窃窃私语，便觉得同事们是在孤立自己了。人贵在有反思能力，不要动不动就怪别人。

我个人觉得：出于工作的批评，批评得再过分都是应该的。不管他批评得是否过分，只要他的批评确实有助于你下一次不犯同样的错误，这就是可以接受的。不管你在感情上有多么难以接受那些批评，只要能帮助你下次不犯同样错误，都是对你有益的！

同事看你不顺眼，貌似处处和你针锋相对，我们不要立即就想：你看我不顺眼，我还看你不顺眼呢！

我们要先想想是不是自己哪里确实做得出格或者过分。

比如，吃饭时，你喝得微醉，于是径直走到领导身边，说了一堆肉麻的话，敬了领导的酒。但是你没看到旁边站着两三个正排队等着敬酒的同事。于是，第二天，公司或许就会有人传你昨晚敬领导酒时肉麻的那堆话，那话里话外将你一副急切巴结领导的哈巴狗形象跃然纸上。你火冒三丈，就去找那两三个人发飙，可是，你凭什么？是你错在先。首先仗着酒胆去敬领导酒，本身就容易说错话、说过头话，人酒喝多了之后很难把握好语言的精准度，一股子夹杂着酒精的热血涌上脑子，煽情的话说一堆，很失仪态，不如不敬！其次，敬酒还要排队，你没有特权插队，既然你错误地插队了，又说了一堆肉麻的话，别人在办公室里拿你当谈资也无可厚非。换作是你遇到这么一个人，你也会当谈资说出来的。

所以，以小见大，在职场要有反思的能力，是自己错了就是自己错了。

当然，更多时候，是你想不出来到底是在哪里做错了，就被人背后议论、被领导批评。

你先别着急着去解释、去算账、去带有个人评判色彩地去看待某人某事，先让自己冷静下来，当那些你认为的冤枉从来都没发生过，但是心里要注意观察，到底是自己做错了什么，还是有什么客观因素影响，才导致你被背后议论或被批评。直到确定无疑了，才能采取下一步行动，不要想当然地觉得就是某个人从中作梗，然后对他冷眼相待，对他白眼翻尽。你这样动不动就与人为敌，只能让你在公司的人缘越来越差，越来越被当作古怪的人而被孤立。

所以，遇事要先冷静下来，认真琢磨，谋定而后动。人在职场本就是需要好悟性的。这悟性怎么来？它不是天成的，更不是妙手偶得的，它需要你不断地在事上磨，在事中思，才能渐渐有一个好悟性。

50

我的领导是这样定义职场朋友的

当年，我服务的第一任领导，无论是人品还是工作能力、交际能力，都能得到大家的认可。

有一天晚上，他非常高兴，因为他的女儿非常争气地考上了北京的一所重点大学。恰好，当天没接待，他叫我陪他去喝点，我问是否喊几个同事作陪。他说不用，就咱俩。

他就是想找一个放心的人听他讲他的宝贝女儿有多么争气。

我俩在一个小酒馆里喝到 11 点多，都已喝得稍有醉意了。他讲了太多他女儿的光辉事迹。

我也借着酒意好心提醒道："领导，我觉得您在咱们单位里还是交几个朋友，以后遇到麻烦事的时候，能有个帮衬。"

接下来他就侃侃而谈他的择友之道：

“小 A，我是管人事工作的，首先这个岗位制约了我，我不能和同事保持过密的交往，一交往就容易生事，别人投入大量精力向我要帽子，我给不了的话，别人会觉得我没本事，我给了的话，就是徇私，违背了人事纪律，其他人也会觉得之所以提拔他，是因为我和他私交好。”

“再者，之所以不和他们交朋友，是因为实在是没必要。”

“小 A，你刚出校门不久，职场和学校不同，在学校里大家交朋友是因为有共同的爱好或者性格相投，但在职场，大家交朋友是因为有着共同的利益，即使你们的性格有天壤之别，大家都是以共同的利益为基础交往起来的，如果有大蛋糕，我们就是朋友。”

“当然，不成为朋友，也绝不能和他们成为敌人。在职场，不能像在学校里那样，把不满都写在脸上，有时候为了解决冲突甚至会拳脚相向。在职场，你要和任何人，即便是让你非常不愉快的人，都维持和善的关系，这是最基本的职场涵养。对事不对人，是职场最基本的要求，我们的首要目标仍然是顺利完成我们的工作。”

“当然，你还年轻，趁着年轻可以多结交一些志趣相投的朋友，但是那些你闭眼都能想到的别有用心地结交你的人，尽量不要去和他们交朋友。他们结交你，是把你当成一门生意来做，觉得你是一只潜力股，现在早投资，投入产出比会很高。他们甚至连酒肉朋友都算不上，在这一点上，你一定要头脑清醒。”

“和同事的关系，我建议你，不该讲的一定不讲。话，这个东西，少说永远比多说好，尤其在职场，话少，领导会觉得你老成持重；如果话过多，领导一定会觉得你不成熟。”

“所以，我对交友的观念是：我可以和有共同利益的人交朋友，但是绝对不和朋友有利益关系，很多人就是分不清楚真朋友和假朋友、利益和感情的区别，而搞得自己日夜应酬狼狈不堪。”

“你懂吗？”

我当时，点点头说“嗯”。其实领导在那晚给我讲的还有很多，只是时间久远，我都忘记了。他第一次把自己的交友观说给我听的时候，我对此印象特别深刻。

现在领导老了，依然还是这个样子。前几天我去看望他，他在小区里和几个老头下象棋，打扮得和其他老头一样，朴素而整洁，夏风吹得他银发左右摇摆，那几个老头不知道他是老干部，他当然不会说，他每天都是亲切地呼他们：“来来来，老王，再杀两盘……”

51

在工作中，如何对待其他同事的不同意见

在公司，大家都会遇到彼此意见不统一的时候，大家各执一词，相互不同意彼此的意见。这个时候，你为了工作起见，该怎么处理其他同事的不同意见呢？

首先，不要固执己见地坚持自己的观点，毕竟，你也不是完人、圣人，你的观点也不一定就是百分百正确的。你要再次论证和分析自己的观点是否是正确的，如果发现对方的想法更好，那也没什么不好意思的，大大方方地为对方叫声好，然后按照对方的想法来操办就好了。

但如果你客观分析后，还是觉得自己的想法更好，但是对方还是觉得自己的想法好，你又不是领导，不能以领导的权威来强迫对方接受，那这个时候，你该用什么办法来力争让对方接受你

的观点呢?

首先，你要继续劝说，不能因为他排斥，你就不争取扭转他的观点了，你要用道理、用事实、用实例，让他慢慢接受你的观点。

如果他还是固执地觉得自己的办法好，那你不妨先按照对方的意见去落实，结果效果不尽如人意。此时，你再一次说出自己的意见，对方会心服口服地接受。就是说通过实实在在的事实，让对方尝到自己种下的苦果。

对于时效性比较强的事务，来不及让对方验证他的想法是否是错的，需要立即做出判断到底用哪种方法，该怎么办呢?这时候，在双方争执不下的情况下，我建议请第三方来认定、评判。比如，可以请公司的一把手来裁定用哪种方法。

对于时效性不那么强的事务，我们还可以做延缓处理。现实中，很多大事都是这样处理的，双方无法达成一致意见时，往往都选择暂时缓一下，下次再议。在延缓的过程中，可以进一步沟通，进一步达成共识。有的时候，延缓一步作出决策总比仓促决策要好。

最后，还有一个好方法，大家千万不要忽略，那就是找中间人。找中间人，是引入外部的因素来促成达成一致意见。这个中间人，可以是对方的领导，对方的朋友，甚至是家人，你可以通过他们来传递你的意见和信息，有时能起到你意想不到的效果。

52

做人留一线，日后好相见

当年，我在子公司工作时，有一个年轻人叫小王，他调走了，到了上级公司。

但是他去的上级公司的边缘部门，小王不知是该喜该悲。

没多久，又有一个年轻人小张，也调走了，他去的是上级公司的核心部门。

那时，我仍然留在子公司跟着领导做秘书。

虽然他们两个去了上级公司，但我平时仍和他们保持着比较频繁的联系。

有一次，我想约他们两个出来吃饭，我想小张在核心部门，比较忙，先考虑他的时间吧，小张说没问题。

我又给小王打电话说出来吃饭，小王说："好啊，我做东。"

但他听到小张也要来的时候，忽然改口道："哟，我突然忘记了，我家里还有点急事。等你下次来，我再请你吃饭吧。"

我不傻，我一听便知道他和小张之间有了隔阂。

那天晚上的饭局没成。

再后来，我与小王聊天时，他给我讲了他们之间的矛盾。

有一次，小王需要小张部门协调某事，恰好此事归小张管，小王很高兴，都是老同事，这事岂不是能够较为顺利地办下来了？

结果，小王兴冲冲地给小张打电话，小张张口一个规矩、闭口一个你们部门的，说得小王非常生气，小王是一个比较重感情、讲义气且豪爽的年轻人。

他说了一句："小张，少给我来这套，该走的程序我们都走了，你别耍官威，鸡蛋里挑骨头。"

结果不欢而散。

我认为小张并非是行事谨慎，而是要用这种方法体现出他所在部门的权威性：起码你们部门是要求着我的。用一句俗话说就是要在小王面前摆一副高高在上的样子。

膨胀了，小张膨胀了。

之后，我与小张打过几次交道，也看得出来，他确实膨胀了。虽然只是上级公司核心部门的最普通的职工，但是他在面对子公司的同事或者其他部门的同事的时候，总是一副教训人的口吻。

他忽略了一句话：人不求人，一样大。

他还忽略了一句话：人总是会挪窝的。

小王没有对此斤斤计较，非要和小张在这个事上争个对错，更没有因为人情冷暖而气馁，他用了比较正确的思考方式来处理这个事情。

既然你看不起我，那我可以比你还强。

后来，小王通过遴选到了公司总部，转眼间，又成了小张的上级！

所以，我想表达的还是原来已经阐明的一个道理：年轻人，要广结善缘，不要瞧不起任何一个人！

人在做天在看，行好事者，运昌隆，当坏人者，气数渐尽！

小张目前依然在那个公司，我也早就来到总部了，有一次他委托我要相关材料时，我本可以顺手就给他，但我没有。

当年他比我们多走了五步时，便趾高气扬地以为我们永远难以望其项背的神态，我永远都记得，我相信小王也会记得。

年轻人呐，多栽树，以后才能多乘凉。

53

一招，和职场小人永久划清界限

人在职场，成事者，多半有贵人相助。

不成者，多半是有小人使坏。

几乎每个公司，都有一个彻头彻尾的小人，或者有几个。小人这种资源，被分配得很平均。所以，想躲开，想绕开，是躲不过的、绕不过的。每个人都必须有应对小人的智慧，这是一场职场必修的科目。因为即便你暂时绕开了，比如你换到其他公司了，但新公司里仍然有小人，你还是免不了要和他们打交道、斗智斗勇。

本章就不写具体的事例了，多费点笔墨在方法上。

在公司，如果你确信小刘是小人，那就要在内心深处和他划一道鸿沟，告诫自己打死都不能和这种人来往过密，一定要敬而远之。

但是，同事之间也要保持基本的和气，比如每天见到小刘都亲切地打招呼：刘哥，理发了？挺精神的啊；刘哥，又饭后百步走呢？怪不得这身材保持得这么好……

伸手不打笑脸人，他也不会无缘无故非难你。

如果你不走运，这个小刘恰恰是你的竞争对手，比如你们在同一个部门，你们都是同一个级别的，你们都是要竞争部门主任的人。

小刘这样的小人，肯定会为了争夺这个岗位，在背后搞小动作，甚至可能在工作中明目张胆地为难你。

这就棘手了！

该怎么办呢？

逃是逃不掉了，只能硬着头皮上战场！

挑一个好的时机，在你的部门领导、分管领导都在场的情况下，借题发挥把你们之间的冲突曝光，不点名但是又有所指地说出来。比如你们部门要承办某个行业大会，大家都各尽其责地为了筹备大会加班加点地干，小刘却莫名其妙地刁难你。

分管领导召集你们部门开筹备工作进展会，部门领导和分管领导讲完后，问大家有什么补充，你可以在这个时候提一下：“我觉得只要大家团结起来，我们就可以筹备一场非常完美的会议。但是就怕一个部门的同志在这个时候，还想着拆台，而不是补台。我觉得这种做法是极其错误的。我也恳请领导对这种错误的做法加以纠正。”

分管领导问：“你说说看，到底怎么回事？”

你就描述一下某人是怎样凭空增加你的工作量的。虽不具体说名字，但是小刘一听就知道说的是自己，他肯定会跳出来和你理论。

这个时候，你千万别想什么在领导面前别放肆，你尽管地使劲和小刘理论，当然，一定要大声说："你是故意的！你就是一个小人！"并且，一定要把"你就是个小人"多说几次！让领导加深一下印象。

领导肯定会平息你们的争执，也不会各打五十大板，毕竟都是为了工作。

为什么非要当着领导的面和小刘大吵一架呢?

因为，小刘是小人，你们又是竞争对手，他迟早会算计你，坑害你。而你和他在领导面前大吵一架，把你们的矛盾公开了，大家都知道你们有矛盾。以后小刘再在背后说你坏话，甚至向领导打你小报告的时候,大家可能会因为你和小刘有过节而不相信他说的话。

小刘去给领导打你的小报告，领导也不会相信!

这个方法，切实可行，走投无路时，不妨一试。

54

你要保持人格上的独立，和而不群才能有更广阔的天地

当年，我们单位有个年轻人，叫小王。他独来独往，从来不和别人等打成一片。

他按时上下班，为人老实忠厚，不爱说话。除此之外，大家对他基本上没有什么了解了。

很多人都在背后或就当着小王的面，好心建议，或是指责批评他说："你太孤僻了，你得合群啊！没事要和大家多交流。"

他们所谓的交流，大概指的就是下班后大家可以一起聚餐，可以一起打牌娱乐……

小王只是笑笑，点点头说："好的好的，怪我怪我！"

但是，过后，他还是独来独往。

渐渐地，大家都不再讨论小王这个人，大家都觉得他就是单位里另类的年轻人，已经被大家边缘化的人。

这里说的大家，也包括我。我当时也这样觉得：小王这样的人，在单位像空气一样地存在。大家好心劝他多合群点，他还不听，啥集体活动都不参加，和同事在私下里是几乎零交流！一辈子难有大出息！

后来，我的工作调动了，就再也没有小王的消息了，他本身就是一个极其容易被人遗忘的人。

又过了很多年，我和当年的老同事吃饭，说到大家的去处时，他们提到了小王，说他早就去北京工作了。

我吃惊道：“小王吗？”

他们说是的。他们一改当年对小王嘲讽的表情道：“他可真是厚积薄发，这人可不简单！你还记得他当年那个样子吗，谁都不爱搭理，从来不跟咱们一起搞娱乐活动。人家是憋着劲地天天在用功啊。据说好像是他的一篇投稿，被总部一个领导看上了，直接借过去了，后来就留下了。”

我问道：“你怎么知道的？”

他们答道：“他回来办调离手续的时候，主任给他开了一个欢送会！顺便让他给年轻人讲讲心得体会。小王自己在台子上讲的，讲他自从来到这个单位，没有浪费过一分一秒，白天在单位办公室学习基层工作事务，晚上苦读各种政经名篇、书目，读著名时评人的分析，读各种让自己视野开阔的资料，等等。总之，把所有的子弹往一个地方打：但凡能提高自己施政水平、提高自己观解时局能力的书，他统统拿来研读。他说他自己做笔记就做了一大箱子。”

听罢，我想起苏轼的两句话：

古之立大事者，不唯有超世之才，亦必有坚忍不拔之志。——《晁错论》

天下有大勇者，卒然临之而不惊。无故加之而不怒；此其所挟持者甚大，而其志甚远也。——《留侯论》

我当年看到小王不合群，便觉得他一辈子难有出息，实在是鼠目寸光！我哪里知道，他是所挟持者甚大，其志甚远！别人在一开始就不觉得自己是池中物，所思所想，压根不是我们平常人想的那些：办公室的鸡毛蒜皮、领导的喜怒哀乐。他想的或许是中国此刻面临的困境，是否在历史上有过类似的情况，当时是怎么化解的，或者是他国有无类似情况，是否有经验可以借鉴……

而我们呢？上进一点的人，在想怎么把办公室的工作做好，不上进的同事每天想的就是怎么少干点工作，怎么在单位实现自己的个人利益最大化。

我们，却自以为我们才是主流，并且自作聪明地让小王这种“非主流”向我们靠拢，与我们合群。

很多人经常说在单位，稍微不注意，劣币就驱逐了良币。

我不认同。

如果你是良币，劣币是驱逐不了你的，你被驱逐了，只能说明你的良还不够。就像小王，他是良币，其他同事如果是劣币的话，那他在单位好像是被驱逐了。

但，良币是被驱逐到了更高端的平台，而劣币，始终在原地打转，像毛驴拉磨，永远走不出那个圈。

第三部分

领导篇

55

领导让你牵头做某项工作时，你该如何布置分配工作任务

在公司，我们每个人都有在工作中挑大梁的机会，比如突然有一天，领导就让你带一个小团队，负责某项工作的具体实施。面对这个小团队，你该怎么合理地、有效地分配好工作任务呢？

首先，我建议先好好地谋划，制订出详细的分工计划后，再来给大家分配任务。在分配任务时，不要东拉西扯，不要任由思维发散，你在分配任务时，一定要包含以下内容：

一、说明意义

用最简单明了的语言，向手下们交代分配给他的工作的意义、作用，还有一些背景情况。这些必要的阐述，可以让手下认识到他

们工作的重要性。

二、说明要求

一定要直截了当地说出你需要什么样的结果。要求越具体，实现的可能性越大。要求也可以分为几点：一、二、三、四。如果不说要求，那下属就没有目标，也没有工作的紧迫感。

三、说明可能出现的问题

可以说一下工作中大概率会出现的问题，也可以说一下手下在操作这件事的时候会出现的问题。总之，这些可能是你和手下都不愿意看到的现象，但是一定要提前说出来，提前让大家做好预防和准备！

四、说明截止日期

什么时间完成任务一定要说清楚。如果完不成，批评手下事小，耽误上面事大，如果耽误了全盘，那你们团队辛苦做了工作不仅没有功劳、没有苦劳，可能还要接受处分。

五、说明激励措施

这个倒是未必每个任务都要有，但有些是需要的，对调动积极性是必需的。激励措施可大可小，比如：谁做得最好，今年的先进，我优先推谁……

六、反问未尽事宜

每个人站的角度不一样，关注的问题也不同。你以为手下明白了，其实他们未必全明白。给他们两分钟时间提问：我说明白了吗？有什么不清楚的？让手下提出问题，你来耐心地回答。

七、列任务清单

时间紧的情况，不妨列张单子，使工作内容更详尽，并且可以长时间保留。比如突发事件处理，自己用 3 分钟列清单，比一会来一个指示要好，特别是需要协同工作的时候，一锤定音，更高效。

每个职场人，都会从青涩走向成熟，都会渐渐挑起工作重担，都有可能走向领导岗位，因此也都要学会给下属布置任务，如果你已是公司的中层干部，你一定要把布置工作这件事情重视起来，很多事务之所以没办好，其实并不是你能力差，也不是团队的能力差，而是你在一开始布置任务的时候，就没讲清楚、讲仔细。如果从一开始，大家就在模棱两可的情况下开展工作，那么最后的效果不令人满意，也是可想而知的了。

56

领导突然叫你去办公室，你应该在 6 分钟之内做好以下准备

你正在办公桌前做事务性工作，突然领导打来电话，喊你过去一下，你起身就赶紧跑到了领导办公室，领导有种“说曹操曹操就到”的感觉。你这样做，也无可厚非，毕竟，这能体现你端正的态度。但，领导喊你过来，肯定不是测试你飞奔的速度，他肯定是有事才会喊你来的。他要安排什么事？或者问询什么事？这些你统统都没想，你只顾着飞奔了，甚至连笔记本和笔都没拿过来，一会儿领导交办任务时，你能全记住吗？

当然不能。所以，以后请在接到领导电话后，做好准备再去他办公室。你可以按照以下我罗列的思路来做相关准备工作：

第一分钟

先把手头的工作放一边吧，如果有未保存的文件，先保存好；如果桌子上有秘密文件，先收起来锁好；如果正在接打电话，告知对方实际情况，稍后再与对方联系。

第二分钟

带上你的笔记本、笔，之所以要带上笔记本和笔，一方面是表明自己对待工作的态度，另一方面是对领导的尊重。要知道，领导让你过去，绝大多数情况下不会是找你聊天的，肯定是有工作安排给你或者要找你了解相关情况。

带上笔记本和笔，一方面，可以随时把领导的要求记下来，防止事后遗忘；另一方面，领导问你事情，如果你一时想不起来或者记不清楚了，还可以随时翻翻笔记本，看看当时记录的情况。

如果有必要，可以把录音笔也一并带上。

第三分钟

此刻，你要赶紧思考领导找你会是什么事情。这一点非常重要。因为领导问话有时候会比较简单，比如，只会说“那个事儿咋样了”或者“那个材料写好没有”，一般不会说“我上周五下午在我办公室给你交代的让你去财务处问问采购办公电脑的具体流程，你问的咋样了”或者“后天上午某主任开某某会要用的讲话材料，你写好没有”。

如果你没有任何思想准备，或者在近期事情比较多的情况下，很容易会被问蒙！这个时候，你反问领导“啥事儿”或者“啥材料”，那样很可能会给领导留下“办事不牢靠”或者“责任心不强”的印象。

所以，提前预测一下领导找你会是什么事情，然后做好思想或行动上的准备，非常有必要。猜对了，就很好；猜错了，也没有太大关系，说明你还没有跟上领导的思路，还需要继续修炼。

第四分钟

如果你已经猜到了领导要问询的事情，那你要马上准备可能会用到的资料。比如，你正在写后天会议的领导讲话稿，这个时候领导叫你，十有八九是问你材料的事情。

1. 如果你已经写好了，马上打印出来，带上，领导问的时候，立即交给领导，这是比较完美的状况。

2. 如果你没有写好，或者压根还没有写，那接下来就要考虑如何应付领导的问话了。

3. 如果近期事情比较少，只有这一个材料，但你还没有写完或者还没有开始写，这是比较被动的，可以跟领导说“正在写，还不是很成熟，今天晚上再加班完善一下，明天早上交给您”或者“原来没有接触过类似的稿子，正在收集资料，已经收集得差不多了，今天晚上加班写，明天一早交给您初稿”。

4. 如果近期事情比较多，有很多材料都需要你写，那么这刚好是一个契机，你可以借此机会，跟领导说“近期事情比较多，那个材料还没有来得及写，您看能不能交给其他人或者把我手头上的那几个事儿交给其他人”。当然，这种情况的结果，最不好掌控，很可能如你所愿、活儿少了，也可能挨一顿批、活儿一点儿没少。所以，建议慎重尝试。

第五分钟

这个时候必须动身了。带齐所准备的相关资料和你的笔记本、笔、录音笔等装备，小步快跑，去找领导吧。同时，在路上的时间一定也不能浪费，大脑一定也不能清闲，要继续思考领导找你会安排或询问什么事情，力争把你能想到的所有结果、所有应对举措，全部想好，有备无患。

第六分钟

多数情况下，你应该出现在领导门口了。注意，不要直接进。无论是否开着门，都应该先敲门，得到允许后再进去。进到领导办公室，打开笔记本，随时听候并记下领导的指示。如果你去得晚了，可以解释一下，刚才正在忙，要把手边的工作先简单规整，所以耽误了点时间。

57

领导并不是生下来就带着领导的样子

很多人觉得自己通往领导的路，是人间到天堂的路，太遥远、太不现实！照着镜子比对了一下，觉得自己根本就没个领导的样子，你看，领导是多么的器宇轩昂，再看自己这市井小民的气质！你看领导说话多么有条理、有气魄，自己说话总是小家子气！你看领导处理事情多么从容不迫，而自己呢？屁大点事情就觉得已经火烧眉毛了！反正，自己就不是当领导的料！

我先给大家说一个例子吧。

我刚参加工作，给这位领导当秘书，当时跟领导已经有半年的时间了。一个周五，领导突然问我："你明天有什么事情吗？"我说没有。他说："那你和我一起接待一下我的两个同学吧。"我欣然接受。

所谓的接待无非是让司机拉着他们四处看看，领导只在吃饭的时候露面，中午吃饭的时候，他们一见面，两位同学就骂上了：“你看他还只是个副的，就给咱俩摆上谱了！”

我的领导啥话也没说，哈哈哈地笑着把他们拉进饭店的包间里，在包间里给他们作了解释：下面人多眼杂，让别人看到，不太好！那两个同学，应该是和领导私交非常好的同学，所以他们无论说什么尖酸刻薄的话，基本上都是玩笑话，领导一点都不当真。

然后，他们饮酒畅谈，我自然是回避了的，等到他们基本上都喝得大醉的时候，我便去结账。我叫了一个出租车先送领导的两位同学回酒店休息，领导被司机接回宿舍休息了。

在出租车上，我和两位同学闲聊，聊着聊着，我便问：“你们当年读书的时候，有没有觉得我的领导是当领导的料？有没有发现他有当领导的潜质？”

其中一位同学哈哈大笑道：“当什么领导，当时他喜欢一个女生，就是不敢跟人家说，到最后还是我替他说的，太胆小了！”

另一个同学也接着说道：“要看上学那会儿的表现，我估计咱俩更像是当领导的，起码咱俩都敢干敢说啊！哪像他啊，让他在班上说个话，他都红着脸！”

我继续追问：“你们就没看出来他有当领导的潜质？”

他们回答道：“没有！领导样子，还不都是后来学出来的！你看他在我们面前敢不敢露那副领导样子，露一次就揍他一次！哈哈，我们是三十年的交情了！揍他十次，也揍不散咱们的感情啊！”

把他们送回酒店后，我陷入了沉思。是的，我们看到的领导的样子都是他们在成长过程中学到的领导样子。

好像所有的领导都会这样做：召集大家开会，想找出处理棘手问题的办法，他总是会让大家先谈办法，他来做最后布置，因为他也不知道怎么办，大家发言后，他经过梳理汇总形成自己的处置意见。

面对更上一级领导交办的临时性任务，他们总是拍着胸脯说保证完成任务，但是在落实的时候，他们总是会跑到领导的办公室哭诉落实过程中的困难。

他们总是话很少，人越多、话越少。他们大多在人前都是微笑着点点头，因为他们明白人多口杂，说不好、不好说，还是不说好！

他们的字通常写得很好，因为他们的任何一个字，都会有很多人看，甚至很多人想看都看不到。

他们经常会把这些话挂在嘴边：辛苦了、确实很不错、公司不会亏待你的、你做的事情公司都看得到、我来说两句一是二是三是……

这些都是他们在职场路途中慢慢积累的经验所形成的习惯，其实并没有多么特殊、多么了不起、多么的深不可测！这些习惯，渐渐地成了他们的本能反应，沉淀在他们的气质里！

所以领导并不神秘，每个下属不要见到领导就没话说，甚至害怕到扭头躲避，要勇敢地去和领导交流，就像正常人一样。

你只要以正常人的姿态和领导交流，领导也会把领导样子收起来一些，如果你以下属对领导那样的姿态和他讲话，他就会本能得拿领导的样子来对你。

所以，别怕，他们真的也是非常普通的人！

58

领导最讨厌有这些行为的下属，你要心中有数

平心而论，每个职场中人，在性格上，都有或多或少的小毛病，这些小毛病，有的看起来不仅不讨厌，还挺可爱，但有的小毛病，对于职场中人的发展来说，就是致命的了，因为领导非常讨厌这种小毛病。具体是哪些小毛病或者说行为呢？我给大家简单列举一下，供各位读者参考。

一、领导不喜欢在利益面前斤斤计较的下属

有的下属非常看重个人得失，一丝一毫也要计较，一分一厘也不放过。在公司里，老是为小事闹个没完，为了自己的一丁点蝇头小利，争个头破血流，这种人，领导怎么会喜欢呢？太重利的人，

往往不重感情。

二、领导不喜欢在处理事情时总自以为是的下属

有的下属，清高自傲，孤芳自赏，总认为自己是正确的，不接受别人的意见，也听不进上级领导的意见。一般来说，这种情况容易发生在年龄较大、资历较深、见识较广的骨干身上。

三、领导不喜欢在工作当中得过且过的下属

有些下属，在面对自己的本职工作时，能混就混，不求上进；对工作不负责任，敷衍了事；缺乏工作热情，缺乏办事责任心；做事情拖拉疲沓，不讲效率、效果，干活时无力、无序、无效。领导也是过来人，阅历丰富，骗他是绝对不可能的。

四、领导不喜欢在言行方面缺乏自律的下属

有的下属为人处世非常随意，管不住自己的口、手、脚和嘴。说话不负责任、不顾后果；手伸得长，贪小便宜。这种人大错不犯、小错不断，容易抹黑公司的形象，擦屁股的事甩给领导，领导又怎么会喜欢他呢？

五、领导不喜欢在处理问题时越权施令的下属

有的下属超越自己的职能权限，向下发号施令，自作主张，造成不良后果。越位，历来是职场的大忌！

六、领导不喜欢自感屈才、心怀不满的下属

有的下属自我感觉良好，认为领导者埋没了自己。于是，在公司吊儿郎当，没事就发发牢骚，当公司的意见领袖。其实，真正的人才，是永远不会被埋没的，被埋没的要么不是人才，要么就是人才展现自己的方式方法不恰当！人在职场不能“玻璃心”，觉得自己怀才不遇，就效仿阮籍猖狂，驾车号啕，这样只能让人更加看不起。

七、领导不喜欢闻过则怒的下属

所谓闻过则怒，指的是别人批评自己、指出自己的错误缺点之时，勃然大怒、一触即发。其实，领导者一般不会无缘无故批评自己的下属，往往总是事出有因，忍了很久。较好的办法，是等双方都冷静下来之后，再慢慢解释。

八、领导不喜欢对自己退避三舍、敬而远之的下属

有的下属看到上级领导戒备三分，不敢上前打招呼，其实这是人为地制造和领导的隔阂。有的下属有种潜意识，和领导交流多了一点，便是“趋炎附势”“为五斗米折腰”，自己要“清高自傲”，“出淤泥而不染”。这真是迂腐透顶！正常的工作交流是十分有必要的。

九、领导不喜欢在自己面前夸夸其谈的下属

有的下属为人浮夸、不切实际，光说不做或多说少做，有“唱功”而无“做功”。其弊端众多，一是不干实事、干不成事；二是

混淆视听、制造混乱；三是有时对领导者产生误导，造成领导决策失误；四是哗众取宠，破坏公司务实、踏实的作风。这样的人领导一定不会欢迎。

十、领导不喜欢缺乏信用、违时违约的下属

有的下属说话不算数、办事不认真，让人不放心、信不过。每个公司其实都缺人，特别缺可靠的和能干的人，机会总是留给这样的人的。一旦缺乏信用的形象在领导心中扎根，你要想再挽回，那就很难了。

十一、领导不喜欢在人群中纵横捭阖的下属

有的下属搞非组织活动，拉帮结派。有的下属以“群众领袖”自居，敢于在领导面前起哄；设置圈套，让领导中计受困；制造“软罢工”，让领导无可奈何……领导都喜欢下属把更多精力放在工作上，而不是放在拉山头上。

很多下属对领导是否喜爱自己不以为然，但长期来看，就个人发展而言，没有领导的赏识以及在工作上的指导和提携，你很难在职场有好的发展，所以，对照这 11 条，有则改之、无则加勉，争取做一个让领导欣赏的称职的下属。

59

领导对你的“偏见”，有时候是正确的

很多人，觉得领导不待见自己，无论自己怎么做，怎么努力，领导对自己就是不感冒。

什么原因呢?

十有八九是领导对你有“偏见”，而你现在的做法又恰恰验证了他对你的“偏见”，导致你做得越多，领导越觉得你是一个不可靠的下属。

当年，参加工作之初，有一个小伙子，看上去非常老实，家境尚可，起码比我的家庭富裕。

但是他仍然厚着脸皮去申请困难职工家庭补助，他不在乎别人的看法，他以为他依然是在大学里，这种好政策，有便宜不占白不占，自己不占也肯定会被别人占了。

职场还真就和大学不一样，大学里针对农村的贫困生的助学金，当年很多人都去抢，一些本身家庭不是太贫困但脸皮厚的学生，靠讲故事、摆虚假的贫困事实，拿到了助学金，而真正的寒门子弟，或许是因为自尊心，或许是因为确实不善言辞，总之，有很多本应该得的却没得到。

职场里，就不一样了。

大家家庭状况都差不多。大家都没有拿，如果你厚着脸皮拿了，人们就难免会在背后里议论你。

于是，这个小伙子在单位的风评很不好。大家对他的印象，整齐划一地都是贪小便宜，为了钱什么都做得出来，心机重，对有用的人巴结、对没用的人就不理会……

一个单位，几十号人，屁大点的流言蜚语都有传入领导耳朵的可能性，所以，领导一准会听到关于他德行不好的传闻，这种有鼻子有眼的传闻，再加上转述人的添油加醋，很容易上升到人品极其卑劣的层面。

你想，如果领导听了这些传闻，不说全信，只信三分之一，领导也绝不会对这个小伙子有好感了！如果这个小伙子觉得领导不待见自己，反而更加努力地想在领导面前证明自己，想要改变领导对他的印象，那只能验证了传闻是真的：对有用的人就使劲巴结！

所以，我今天想表达的是，在单位不要贪小便宜！是的，同事们怎么看待你，确实不重要，重要的是他们怎么说！众口铄金啊！一个年轻人如果在单位风评不好的话，前途基本上就毁了一半！

有时，领导的“偏见”是对的！比如我刚才说的那个小伙子，领导对他是有偏见吗？我觉得不是。那不叫偏见，那叫识人之明！他可以在自身并不太贫困的情况下去厚着脸皮争取困难职工补助，仅从这点就足以说明，这个人是不肯吃亏的人，或者说是一个自私的人，这样的人，谁敢重用他呢？

60

作为领导身边的人，应如何行事

十几年前，我在单位是一位领导的秘书，从头跟到尾。我自认为是跟住了。最起码，虽然过去十几年了，我和老领导联络仍然非常紧密，我有工作上的困惑，随时都可以去找他，不管他是在办公室、在家还是在其他什么地方，我甚至都不用提前打电话约，直接过去。这十几年来，不管跟他与否，我都受惠于他，也就是说，他赐予我的多——无论是职场上的直接助力还是背后的尽心谋划，甚至某个时间段资金短缺，都是他慷慨解囊！而我，也就是那两三年服务于他。我有时开玩笑，问他：“老领导，这么多年，你有这么多秘书，你对哪个秘书都像对我这样啊，都给借钱的话，还不把你的老底借空了？”他哈哈一笑说：“有两三个秘书都已经失去联系了，你和他们不一样！你跟我那两年多里，我就觉得你可以。人哪，只要心眼不坏，笨点都没关系！”

但，当年有几个秘书是被领导直接或者间接开除的！其实，能当上秘书的，基本素质都是不差的，或者说是优良的。但是，为什么这些素质不错的年轻人被领导开除了呢？我总结了下，我觉得，这几个年轻人，让领导觉得不放心！能力上的不放心，或者是言行上的不放心，或者是品格上的不放心，等等。

一个秘书被炒掉，在五六年之内，不要再谈进步了。在这五六年里，基本上处于被冷藏的状态，毕竟，被炒代表着你能力不行或者你有其他问题。

其实秘书和每一个普通办公人员是一样的，只不过秘书距离领导近一点，普通人员距离领导稍微远一点。秘书们犯的错误，对于各位更有借鉴意义！毕竟，大多数人都很少接近领导，为数不多的机会如果被你浪费掉或者糟蹋掉，太可惜了。

如何避免那几个被炒秘书的命运呢？我认为：

一、不该说的话不要说。很多话你不知道该不该说，不确定该不该说，那就坚决不要说！职场中人，口风一定要紧一点。嘴巴一咧，傻笑两声，就把所谓冷场的尴尬应付过去了！但是，你只要说错话，领导就会把你拉进黑名单。因为，聪明的领导都永远不给犯错的人第二次机会。因为，一个人一旦犯了某种错误，长期来看，他势必还会犯第二次、第三次。

你只要说错话，领导就会觉得这个年轻人没脑子，即便表面上风平浪静，但是内心深处已经对你有所评判了。因为领导打量下属，尤其是年轻的下属，都是带着发现人才的眼光来打量，但是，他们也会带着极其挑剔苛刻的标准来淘汰一些人！

你是领导的秘书，一定要兢兢业业地做好本职工作，服务好领导。相信我：一心二用地走所谓的捷径，只能是两头不讨好！

某些事情领导让你做决定，给你放权了，你千万不要沾沾自喜，觉得你终于有权力了。因为这权力是领导给的，领导随时可以收回去。你在做任何决定之前，都要向领导报告，征询他的意见，而不是拿着鸡毛当令箭。

先付出再谈回报。很多人明明和领导关系并不怎么样，或者还没有达到相应的熟悉程度，工作还没有开展，就向领导提要求、提条件。没有领导会喜欢这样的秘书。

我认为，对于领导，最好的做法，就是只付出，不求回报。因为，作为领导的身边人，大概率是这样的：只要你在工作中服务好了领导，领导什么都会为你想着。你提要求，反倒会让领导和你的关系生分起来。

你觉得呢？

61

和领导独处时，该聊什么，不该聊什么

很多人害怕和领导单独在一起，总觉得很尴尬，不知道该说什么，不说吧，又觉得冷场，更尴尬！搜肠刮肚也想不出来该聊点什么内容。

这时候，聊一些领导感兴趣的话题，一定不会出错。我不算什么聊天高手，但是领导和其他同事都非常喜欢跟我聊。原因就是我很擅长聊他们愿意聊的话题，聊他们擅长的话题。

一般来说，只要你挑的话题他感兴趣，或者是他擅长的领域，他可能会滔滔不绝地给你讲一路，甚至，你想插话都插不上，你静静地坐着听他讲就好了。

只要话匣子一打开，想让他立即关闭，那是不可能的。

再比如，你的领导是美术专业毕业的，对字画非常有研究，你

们坐在车中，车子在行进时，你发现一个卖酒的广告牌，那广告是一幅山水画，你可以立即抛出话题：领导，你看咱们本地的酒打的广告牌，还挺有禅意的，是一幅山水画。领导一定会扭头看，因为山水画是他感兴趣的领域。

他看完了，一定会发表一下他的高论，于是，话匣子打开了。

很多人能成功地打开和领导交谈的话匣子，但是打开后，自己没控制好交流的内容，该说的不该说的，都说出来，结果让交流的效果大打折扣。

那和领导独处时，什么话不该说呢？

首先，不能打小报告，你可以和领导聊一聊工作，但是千万不要落井下石，趁机在背后说公司其他同事的坏话。聪明的领导，其实都不喜欢在背后嚼舌根的人，这种人，多少在品德上是有些问题的。

再者，和领导交流时，你不能问及公司的核心机密，比如与财务相关的或者是人事动向，这些问题，你问了领导也不会跟你说，而且，领导大概率会觉得你是一个没轻重的人，因为这些问题，你就不该问。

这就是和领导独处时聊天的一些基本规矩，供各位读者参考吧。

最后提醒：和领导相谈甚欢时，千万不要得意忘形，更不能喋喋不休，明明领导已经很疲倦，想要休息了，你却依然说个不停，这样做也是不太好的。

你觉得呢？

62

回绝领导的过分要求是一门艺术

抗拒领导的命令谁都会，直接说不干就行了。那样粗暴的拒绝，是有后遗症的。所以，抗拒领导的命令，得有技巧。

比如，领导带着你们考察的时候，看到别人的业务搞得很有亮点，脑子一热说，回去咱们也这样搞起来，然后转头问你：有没有信心?

你当然得说有了。虽然你心里一百个不满意，因为你手头上的工作本来就很多，如果再凭空加上这块的业务，估计你以后每天都要加班加点了；再就是，即便你们像别人这样搞，也不一定能成为亮点了，毕竟人家是第一个吃螃蟹的人。人家这样干，能成为亮点，你们跟着也这样干，只能叫模仿。但是领导都发话了，并且是当着众人的面，你当然得说有信心，不然，领导会下不来台的。

等回到公司后，你别着急跑到领导办公室陈述这件事不能干的理由。因为，说不定，领导只是在当时的场景下顺口说说而已，说不定他早就把那事抛到九霄云外去了。所以，只要他不提，你就不要说，也不要做。不然，你就是给他提了醒。

如果领导确实是想来真的，那你要这么干:

一、要指出这样干的难点在哪里

很多人在抗拒领导的命令时，直接说领导的方案不行，如果只这样说，领导会觉得你在质疑他的能力，所以你不要这样说，要说实现目标有哪些难点。这些难点，一定要放在大格局下，不要只说自己的难处或者是本部门的难处，要放在整个公司的高度来剖析难点。

二、要有备选的方案

如果只是提出难点而不提出解决办法，那无疑证明你的思维是不够周全、缜密，所以，这就要求你有一套解决问题的备用方案，这才是你否定领导方案的前提。

当然，这个备选方案，肯定是简化很多的，起码操作起来会比较简单，不会增添巨大的工作量或者引起后续的问题。

三、表明自己的态度

一定要表明自己不是出于私利，而是为了公司的整体利益。一定要让领导知道，你反对的是方案本身，而不是领导的权力。要让方案和领导的权力，有一个划分。方案难点太多，执行起来很麻烦，我能力不够，干不起来，但是我是听话的，对领导的指示，我是遵从的。如果领导你非得让我按照你的方案来做，我也一定会照做。

四、把账算清楚

如果领导不同意你的方案，执意想按照自己的方案来搞。那你不能再说反对的话了，这时候，你应该给领导算账了，争取一切该争取的物质保障、人手保障、后勤保障等等，争取领导最大的支持。不要只嘴上说，要在本子上认真记下领导对你的承诺，到时候，如果事情进展不顺利，领导有些不高兴的时候，你又可以悄悄溜到领导办公室跟领导道歉，顺便开玩笑地说："领导，这事怪我没干好。但是也不能全怪我，综合办不配合啊。"你把笔记本翻出来，让领导看，边说："领导，您看，当时接受您指示的时候，您答应给保障这些，但是现在办公室那边不配合，基本上啥都没给，我现在真的是光杆的急先锋啊。"

请问，领导还能说什么呢？

63

向领导请示工作的窍门

很多职场人，不敢向领导请示和汇报工作，总是非常紧张。下次，你再去请示汇报工作前，一定要告诉自己两点：一、不仅我紧张，大家都紧张。二、我第一次紧张，第二次紧张，第三、第四次就不会紧张了，熟能生巧！紧张是必经的！

克服了紧张情绪后，我们该怎么向领导请示工作，通过率才更高呢？

我给大家讲一个请示的小技巧，虽然小，但你绝对忽略了。记住，这是请示的原则！

不讲大道理，讲一个小故事。

两位中层干部甲和乙都去向公司一把手争取资金支持。

甲对一把手说："领导，不好意思来打扰您了，上次给您提过的，还是资金缺口的事。我算了下，至少需要 50 万，不然这个事就做不下来。请领导支持我的工作啊！唉，今年这工作确实不好做，尤其是这项工作，如果领导您这边再不支持的话，我就真没法干了。”

一把手回复道：“你先回去吧，你说的这个事我都知道了，后面我在会上提一下这个事，大家商量一下办法。”

乙也来给一把手要支持了：“领导，我觉得今年咱们公司各项工作都挺不错的，没有拖后腿的，但也有一个小问题，我说错了您别怪我：我觉得就是各项工作都是有条不紊地推进，虽然事情做了不少，但上面领导总觉得咱们好像没干多少事，毕竟，咱们的工作没有亮点。我打算把某某工作做成咱们公司的一个亮点，这个工作已经找专家论证过了，专家也觉得可行性非常强。一旦做成了，我们就是独一份！专家也核算了，花不了多少钱，他们说一百万就能把这个事做下来。咱们再节约一点用，让下面再配套一些，估计五十万就能做下来。”

你觉得一把手会同意吗？我觉得能，乙既描述了美好愿景、又有可操作性，最主要的是做的事，乙的做法，是从全局的角度出发的！

甲和乙，都去找一把手请求资金支持，为什么乙能要到（即便这次要不到，下次要不到，但他要到的概率还是比甲高得多）而甲要不到呢？

因为甲只会站在自己的角度上考虑问题，出发点和落脚点，都是落在自己身上。

乙正好相反，出发点和落脚点，都是落在公司全局上的。

这个技巧讲完了，是不是很简单？对，很多道理，很多成功的秘诀，就是这样简单。只是，我们很多人都当局者迷了。

我讲出这个道理后，下次，你再去找领导争取支持时，不妨提前设想一下：如何围绕着他说，站在公司的立场上来说这个问题。

这个法门，你一定要掌握！不仅是工作中，生活中也会用得上。越是重要的事情，在交流的时候，越应该站在对方的角度来说，站在对方的角度思考和看待问题。

希望你们也掌握，暂时掌握不了，也没关系，总有一个熟能生巧的过程，不要太心急，想一口吃个胖子，不要过分逼自己，要给自己成长的时间。不给自己留时间，一味强逼自己的人，是很蠢的。

64

领导骂你时，他心里到底在想什么

我相信很多人在公司，都遇到这样的情况：领导平时对自己不错，好像还挺器重自己。但是，突然，领导当着很多人的面，对自己严厉批评，甚至破口大骂，你实在想不通到底是为什么，你觉得那点小问题，也不至于让领导这样骂自己啊！你觉得委屈之极！你觉得这种喜怒无常的领导，根本不值得你为他干活，哪怕他对你再好。

其实，殊不知，领导一笑一怒中皆有深意。他的破口大骂，绝对不是因为此刻心情差，想找一个人当宣泄口，更不是刻意小题大做，把你的小问题当成大错误来借机修理你。

领导骂人背后的心思，可能有这些：

一、借骂你来影射他人

每个公司其实都有小圈子，领导也是尽可能地团结一切可以团结的力量，减少不必要的矛盾摩擦。但是，有时候，对于一些公司的老同志、骨干人员，他们犯错了，不好对他们进行严厉的批评，那怎么办呢？领导只能指桑骂槐地批评自己比较亲近的下属、年轻人，以此来敲打那些老同志。所以如果领导是因为这种原因骂你，你应该感到十分高兴，并且，领导骂得越厉害，说明他越把你当成可以信任的人。

二、不让你看穿

你在公司，渐渐成为领导可靠的下属，你觉得领导非常信任你，你的人品和能力都逐渐得到了领导的认可。可是在昨天，领导狠狠大骂了你一顿，你想不通。这个时候，我觉得可能是领导的权力观在作祟了，或者就是想借机敲打你一下：在职场，你别没分寸！别没大没小的。

领导，是一种孤独的动物。他不希望自己所思所想被自己的下属预料到、揣摩到，更不喜欢自己的下属与自己没有分寸地交往，甚至把自己当朋友、当兄弟。

如果你是下属，却没有摆正自己的位置，领导可能在某个时刻就会借机大骂你一顿，给你泼一盆冷水，即使你没错！他只是让你摆正自己的位置，让你感受一下“君威难测”，让你感觉到“伴君如伴虎”，让你感觉到，他的心思你是猜不透的，更是驾驭不了的。

三、为了帮助你

很多年轻人，刚到公司，心高气傲，不可一世。虽然没有圆滑世故的处事能力、没有稳健成熟的办事能力，只披着一件所谓天之骄子的文凭外衣，但，领导恰恰在你身上发现了一些闪光点，觉得你是可以培养和提携的好苗子。

于是，领导会在某个场合，对你破口大骂，让你在众人面前下不来台，让你所有的尊严、面子，都一扫而光。

你愤愤然！想辞职，但是权衡利弊后，觉得算了，以后低调点就是了。

从此，你夹着尾巴做人，对人、对物，不再一副指点江山的样子。

你也打心眼里认为领导是讨厌自己的，不去汇报工作，也尽量避开和领导独处的机会。

直到有一天，领导找你谈话，说明一番苦心：职场中，对于新人，是要晾一晾、墩墩苗的，越早被墩墩苗，越是成长、成熟得快。

那种每天张着大嘴到处乱点评的职场二愣子，很多领导不批评他，甚至笑眯眯地看他表演，这就说明领导在心里是放弃了对这个人的提携的。

领导在骂人的背后，一般都是这三个心思。当然，也有一些根本没有领导艺术的小领导，动不动就因工作发火，动不动就因为自己焦头烂额而把自己的压力通过骂人的方式传导给下属，这些都是不成熟的表现。这些不成熟的领导，你真的不用太把他当回事。因为他们都属于前途有限型领导。

65

得罪领导后的应急术

每个职场中人，都不想得罪领导，但是有时候，我们因为言语上的错误表达，或者是工作上的严重失误，导致领导对我们产生了一些看法，这个时候，我们该怎么办呢？

第一，尽快解决不拖延。

如果你已经觉察到领导可能对你产生了误会，那你必须尽快把这个误会消除掉，不要拖延，免得把小问题拖成大问题。你如果觉得当面不好给领导解释，你可以给领导发一个短信，诚挚地承认错误，并且表态自己决不会再犯类似错误。人心都是肉长的，领导也是从普通员工走过来的，对于一些小错误，他不会揪着不放的，他看到你这样诚恳的道歉，一般都会不计前嫌。

第二，利用某些场合，表示对他的尊重。

很多时候，下属都可以在一些公开的场合，巧妙地表现出对领导的尊重。比如散会后，你主动帮领导提一下包，他可能不会让你提，但是，你这个举动，无疑是对他的尊重，即便他拒绝了你，但以往的小误会也往往会消散在这个举动中。

第三，不要寄希望于领导的理解。

很多下属和领导发生误会后，觉得自己不是有意的，领导也一定能理解，没必要过多解释。如果领导还是误会自己，那是他自己的问题，自己更没有必要再向他解释。这是错误的想法，领导很忙，他没空来揣摩、理解、照顾每个下属的情绪，所以，很多事情都需要下属主动一点，包括消除和领导之间的误会，你不能寄希望于领导的理解，而是要靠自己主动作为。

第四，涉及领导面子，要找公开场合解决。

如果你和领导已经发生了冲突，并且是在公开场合，那么在领导眼里，你这是挑战他的权威，甚至会觉得你不尊重他，没把他放在眼里。他会觉得自己很没面子。

所以，如果你想要消除误会，你必须把领导丢的面子还回去，所以，你必须在一个公开场合，当着很多人的面向领导诚挚地道歉，比如公司年终聚餐，你可以倒满酒，然后走到领导面前，当着众人的面对领导说："领导，我还是不太成熟，上次冲撞了您，一直想找个机会向您道歉，但是一直没鼓足勇气，今天我干了这一杯，认真地给您道个歉，请求您的原谅，下不为例！您大人不记小人过！”

一般来说，只要能做到这四点，便能化解大多数和领导的误会。如果还是化解不了的话，我建议你继续想其他办法化解，千万不要任由误会存在而置之不理。

66

向领导抱怨时，该想到这些

人在职场，尽量别抱怨，没啥用。但是，有用的抱怨，也绝对不能少。

很多职场人，因为实在看不惯公司的种种，萌生退意了，觉得自己不适合这种公司，想辞职。

去留随意。但我奉劝一句：这种公司，才是正常的公司，或者说，这种状态，才是公司应该有的常态，而不是变态。

你看不惯这个公司，习惯不了这个公司，那你换个公司，也照样适应不了。

这不是你的问题，也不是同事的问题，也不是领导的问题，有人的地方，都是这样。

当你遇到一些自己无法解决的困难的时候，一味地埋头苦干是没有用的，你要打破这种现状就要学会抱怨和反抗。

但，抱怨和反抗，都是有技巧的，动不动扯着大嗓门嚷嚷，像个大喇叭，逢人就大吐苦水，是没有用的。要掌握技巧！要掌握度！

怎么抱怨？

举例说明吧。你办公室有三个人，都是年龄差不多的年轻人，但是你的工作量几乎是他们两个的两倍，你天天加班，还完不成工作，他们两个一天时间有半天是在玩游戏或者刷抖音，你忍不忍？

当然不能忍！

拿同样的工资，凭什么？那直接去找领导理论？说自己的工作量太大，他们两个天天玩，自己天天加班？那无疑，你把那两个同事都得罪了，并且领导一句话就可以把你挡回来：不要老盯着别人，多想想自己该怎么把工作做好！

正确的抱怨应该是这样的：你想打破现在他们闲死而你忙死的现状，你知道办公室人员的分工，是办公室主任说了算，那你应该去找主任抱怨，而非去找分管领导。抱怨的对象不能错，谁能解决问题，你就冲谁抱怨。

你应该在某个周末，邀请主任出来吃饭。

一番寒暄说东说西后，主任会问你工作是否吃力。

看吧，机会来了，终于可以抱怨了！

你抱怨道："主任，真的太累了。年初分工，真的太不合理了，每天办公室只有我自己加班，几乎每天都加班，而他们两个几乎每天都在玩手机。我真的累得快崩溃了……"

这样抱怨，可以吗？当然不可以！

因为在主任看来，你抱怨的这个情况，是他分工不均造成的，他心里会不痛快的。你是在质疑他的决定吗？你是在怀疑他的领导才能吗？

所以，一定要记住：你抱怨的事情，和领导没有任何关系，即便有关系，你也得把领导的直接或间接关系撇开，即便撇不开，也要戴着高帽子提出来。

你要这样抱怨："主任，我也不知道自己干得好不好，反正我每天做事都本着一个原则，那就是尽量不让您操心这块的工作。但是呢，既然您今天问到我工作的问题了，我就斗胆说一个我目前遇到的问题。我手头上，目前有某工作、某工作、某工作、某工作等等，我知道您当初分工时，给我加担子，也是想栽培我，我也不怕吃苦，但是，各块工作太多了，我每天想的就是赶紧完成，实在是没时间保证质量了。我现在每天都加班两三个小时，但还是只能是勉强地按时完成，而不是保质完成。"

好了。点到为止。

主任可能不会在当下就表态，你也不用着急。但是这件事情，他一定会记在心里，他一定会在日后仔细观察你们三个的工作量，是不是如你所说你忙死他们闲死。即便他今年不能立即调整分工，年底评先进，他也是第一个想着推荐你。

不算洋洋洒洒，更不是文采斐然，

17 万字，献给亲爱的读者们！

希望你们有所收获，更盼望你们前程似锦。

他日君定登高处，勿忘寄我江南春色一枝梅！

图书在版编目（CIP）数据

职场晋升指南 / 老 A 著 . -- 北京 : 经济日报出版社，2021.8（2021.9 重印）
ISBN 978-7-5196-0905-4

Ⅰ . ①职… Ⅱ . ①老… Ⅲ . ①成功心理－通俗读物 Ⅳ . ① B848.4-49

中国版本图书馆 CIP 数据核字 (2021) 第 146063 号

职场晋升指南

作　　者　老 A
策划编辑　张　丹
责任编辑　张　莹
助理编辑　杨保华
责任校对　李艳春
出版发行　经济日报出版社
地　　址　北京市西城区白纸坊东街 2 号 A 座综合楼 710（邮政编码 :100054）
电　　话　010-63567684（总编室）
010-63584556（财经编辑部）
010-63567687（企业与企业家史编辑部）
010-63567683（经济与管理学术编辑部）
010-63538621 63567692（发行部）
网　　址　www.edpbook.com.cn
E - mail　edpbook@sina.com
印　　刷　重庆三达广告印务装璜有限公司
开　　本　889mm×1194mm　1/32
印　　张　7.5
字　　数　170 千字
版　　次　2021 年 8 月第 1 版
印　　次　2021 年 9 月第 2 次印刷
书　　号　ISBN 978-7-5196-0905-4
定　　价　67.00 元
